根本香絵／池谷瑠絵

ようこそ量子

量子コンピュータはなぜ注目されているのか

丸善ライブラリー

JN268721

まえがき

最近、科学技術の最先端のキーワードとして、やっと「量子」という語を見かけるようになってきました。新聞やネットなどを通じて届けられるニュースでも、「量子技術」や「量子コンピュータ」はイノベーションをもたらす未来の技術であるとして、期待を込めて語られることが多いように見受けられます。量子についての研究は現在、欧米、オセアニア、日本をはじめ世界の多くの拠点でますます活発に展開されており、これから10年ぐらいの間に「量子鍵配送」「量子テレポーテーション」「量子中継」などに関する成果が、きっと続々と報告されることでしょう。

しかしこのような「量子」についての研究は、実は百余年も前から行われているものなのです。一人の物理学者の新奇なアイデアからなんと百余年を経て、「やっと」一般の人々の注目を集めるようになってきたというのが、量子というものの現在の姿だといえるでしょう。ただ、仮に量子が最新技術のキーワードとして広まったからといって、量子という概念が人々に理解され、またその生活にすぐに溶け込んでいくかというと、なかなかそうはいきません。今のところ、量子は生活に馴染んでいるどころか、まだまだ奇妙で、不可思議で、非常識ですらあり、残念ながらほとんど科学の世界だけで流通している概念の一つだといえるでしょう。

そこで本書では私の専門である理論物理学の立場から、まず量子という新しい概念が生まれた量子力学初期の様相を解説していこうと思います。そして量子を操作して情報処理を行う量子情報科学、さらに量子情報科学の中でも最も大規模なシステムを目指す量子コンピュータ研究の最先端まで、近年話題の「量子」をさまざまな角度からご紹介しようと思います。

目次

第一章　量子とは何か？

第三章　量子への扉を開くキー・コンセプト

序章

量子の世界からのぞいてみると……

●アインシュタインと量子論

さて現代物理学の二大テーマは、相対論と量子論だといわれます。そして、そのいずれにも大きな功績を残しているのが、いうまでもなく、科学の世紀と呼ばれる二〇世紀最大の天才のひとり、アインシュタインです。

アインシュタインが量子論の発展に貢献したことは、相対論が有名なのに比べて、あまり知られていないようです。しかし彼のノーベル賞は、特殊相対性理論や一般相対性理論によってではなく、「光量子仮説」という量子論の業績に対して贈られたものでした。量子力学の創生期に発表されたこの「光量子仮説」は、彼の先見の明を証す貢献であり、その後の物理学の理論を大きくリードしていきます。

ところがその後、アインシュタインは、なぜか量子力学の正統派の考え方に反対する論陣を張って、周囲を驚かせます。彼はまず「神はサイコロを振らない」という言葉で、自らも功労者であるはずの量子力学が擁する、確率的な考え方に反論するのです。

サイコロは振り出されるまでどの目が出るかわからない——物理学がサイコロのように確率的にしか物質の存在を規定できない——というのでは納得がいかないではないか、というのがアインシュタインの主張でした。後ほどご説明するように、この主張は結局斥けられるのですが、なにしろ相手がアインシュタインですので、やはり当時活躍していた量子力学の正統派の人たちとたいへんな論争になったことが知られています。

さらに晩年も、量子力学が主張する「非局所的長距離相関」という現象に対して、彼は猛反撃を企てました。もしこのことが正しいとすれば、宇宙的距離を隔てた2点間に「光速を超えて」情報が移動することになる、とアインシュタインは考えたからです。物質の移動は光速を超えないとする考えは相対論によって導かれたものであり、アインシュタインのいう通りに現在も有効です。しかし、その一方で量子力学の「非局所的長距離相関」もやはり、現在においても広く正しいと認められる考えなのです。アインシュタインがどこでどう間違ったのかは後ほど考察するとして、ここで注目したいのは、彼がターゲットにした論点はどれも、量子という概念にとって非常に本質的な問題を扱っていたという点です。かの天才をもってしてさえ、量子というものがいかに〝新しすぎる〟概念であったかを、彷彿とさせるエピソードといえるでしょう。

●量子という概念の担い手たち

相対論がほとんどアインシュタインらのみによって基礎づけられたのとは対照的に、量子論は、天才の独創というよりはむしろたくさんの素晴らしい研究者の手によって、二〇世紀を通じて少しずつ育てられてきました。量子論を創始したプランク、「光量子仮説」のアインシュタイン、そしてそれらの功績を集大成し、自らの研究所が現代物理学のメッカとして長く知られるようになったボーア、後に触れる量子の「波動と粒子の二重性」の問題に大きな一歩を記したド・ブロイ、「シュレーディンガーの猫」のパラドックスや波動方程式で知られるシュレーディンガー、そのほかハイゼンベルク、ディラック、パウリ等々……「量子」功績者リストにはたくさんの科学者の名前を挙げることができます。そしてこのような発展のなかで、量子的な考え方がいろいろな物理現象に観測されるようになり、物理学者の頭の中でも次第に、量子という概念がより詳細に理解できるようになっていきました。

さらに今世紀に入ってからは、量子論に情報学の考え方を採り入れ、より広範な諸科学を包括する「量子情報科学」が急速に発達し、奇妙で確率的に振る舞う量子をコントロール可能にするという新しい成果を上げています。そして、いわば天才でも秀才でもない普通の研究者が取り組み、成果を挙げられるような研究領域にまで成熟してきた、量子論は現在、そのような時代にまで至ったと考えることができるのです。

するとこの百余年に及ぶ量子論の歴史にも、新たなフェーズ——つまり「量子」という概念が一部の研究者から広く一般へと浸透する段階——が、ついに訪れつつあります。これからはより多くの人々が量子という考え方を使いこなし、生活の中のさまざまな現象に適用し、身近な概念へと育てていく時代を迎えるであろうと考えられるのです。

●量子が次のイノベーションをリードする

たとえば現在、極小の世界を取り扱うナノテクノロジーの分野でも、量子の活躍の場が広がりつつあります。というのも、これまでの技術はニュートン力学以来の物理学、つまり量子物理学の側から見ると「古典的」物理学に基づいて構築されてきました。ところが、後に詳しく説明しますが、古典的物理学に基づく古典的な世界と、量子物理学に基づく量子的な世界とは、私たちの生きているこの世に同時に存在しながら、お互い相容れないやり方で世界を記述します。そして量子力学は、今までの科学技術ではコントロールできなかった、主に極小の世界にみられる量子特有の奇妙な現象を、まさに研究対象として取り扱うものなのです。このため量子技術は、ナノテクノロジーの概念的基盤としてすでに無視できない存在となりつつあるといえるでしょう。ナノの分野における技術開発が量子力学を基に行われることから一歩進んで、量子的な動作原理が技術標準にまで一般化されると、これまでのテクノロジーにパラダイム変換を引き起こすすであろうことは必至と見られています。

また量子情報科学の成果の一つとして、量子的な性質を用いてセキュリティの高い通信を実現する「量子鍵配送」も、現在すでに実現化を視野に入れた研究が進められています。そしてこの「量子鍵配送」のように、量子という概念が具体的な技術に適用され、生活の中で機能を担うようになると、量子という原理の特徴が一般の人々にとっていっそう身近になる可能性があります。このようないわば〝量子が入った〟技術は、従来の技術とは原理的に大きく異なるはずですから、たとえば「量子鍵配送」は現在の暗号方式と比較してなぜセキュリティが高いのか、その原理的な違いへ目を向けることが、量子という概念を理解する助けになると考えられるからです。また「量子鍵配送」以外にも、量子的な性質をセキュリティの強化に活かした、〝量子が入った〟携帯電話や個人情報ツールなどが登場してくる可能性もあり、今後さまざまな形で「量子」が暮らしの中に採り入れられていくことでしょう。

●ニュートン以来の古典物理学もパラダイム変換

しかしながら、量子という概念は依然としてまだ新しく、そのためこの考え方に慣れるのはなかなか容易でないことも事実です。特に問題なのは、量子物理学は古典物理学の応用ではなく、継承発展したものでもなく、大きな変革をもたらすものだという点です。

そこで最初の手がかりとして、序章ではまず量子というものへアプローチするための心構えのようなものを二つご紹介したいと思います。一つは量子という新しいパラダイムの大きな優位点、そしてもう一つは概念の新しさそのものに由来する注意点です。

1　量子的な世界は、フルカラー映像のように圧倒的に豊富な世界

もし私たちが古典的な世界に立ち、量子的な世界への扉を開いたら、扉の向こう側には圧倒的に自由度が高い、豊富な世界が広がっていることでしょう。圧倒的に情報量の

多い多彩な世界と、要素の少ない単調な世界。量子の世界から古典の世界を眺めると
き、描かれるのはそんなビジョンだといえます。

自由度が高いというのは、具体的にはいろいろなことを意味します。たとえばコマの回転であれば、私たちの常識＝古典的な世界では、「右回り」である状態か「左回り」である状態のいずれか一つしか選択できませんが、量子的な世界ではその二つが重なり合ったどちらでもある状態になっているのがふつうです。また現在のデジタルコンピュータの1ビットは「0」か「1」ですが、量子的な世界で情報を担う単位となる1「量子ビット（キュービット qubit）」の状態は2次元に広がっており、その無限ともいえる豊富な選択肢の中から一組の「0」と「1」を選べばよいのです。このように飛躍的に豊富な世界こそ、量子的な世界の大きな特徴の一つであるといえます。

私たちの生活に身近な例でいえば、ちょうどモノクロの画像や映像がフルカラーへ変化した時の様子にたとえることができます。カラーテレビが普及したら白黒テレビが消えていったように、量子という自由度をもった生活が一般化すると、もう古典には戻れ

なくなるといっても過言ではありません。モノクロ写真のようにある限られた範囲でその素晴らしさを発揮する機会も、きっとあることでしょう。しかしそれにしたところでカラーあっての話になり、カラーの世界からちょっと趣向を変えてモノクロの世界を楽しむという構図になります。

量子はこのようなドラスティックな変化をもたらすものであり、テクノロジーの分野において、後戻りの利かないパラダイム変換をもたらすであろうと考えられています。これからはいよいよ量子の実力が発揮されていくことでしょう。

2　科学に関する常識を出発点にしない

量子物理学が古典物理学に大きな変革をもたらすものであるということは、言い換えれば、量子というものは古典物理学の類推では理解できないということを意味します。ところが現在、私たちが常識と考える自然現象の説明は、ほとんどの場合、古典物理学に基づいています。したがってそのような知識や、物理学はこういうものだ、自然現象はこのように記述されるべきだといった常識が、かえって妨げになることも多いのです。

科学史や発明・発見物語といった読み物も、ある意味では、リンゴが落ちるという現象を見て、万有引力というアイデアがひらめいたというニュートンの逸話や、「ユリイカ！（われ発見せり）」で知られるアルキメデスの原理発見のエピソードを雛型にしているといえるのではないでしょうか。ギリシア時代にさかのぼる哲学・科学は、観測された現象から誤差など余計なものを取り除いてエッセンスを抜き出し、より広く一般にあてはまるよう法則化するという伝統をもっており、それを伝える物語もこの特徴を反映しているといえるでしょう。

一方量子の話にも、あえていえば、定番ストーリーといったものがないこともありません。量子のストーリーは、だいたい常識的に矛盾するとしか考えられない二つのことが、いずれも正しく観測された、というニュースから始まります。物理学は実証科学ですから、観測結果は正しくなければならないと同時に、正しく観測された以上、二つがどんなに矛盾していてもどちらも是と認めなければなりません。このように互いに矛盾していて、その物理的状態をイメージすることもできないような難問に挑むところから、量子のストーリーは動き始めるのです。

と、ここで「物理学はこんなはずではない」と声を上げるのが、いわば旧勢力の人たち。一方、量子の研究者たちは、ご都合主義的とも見える素早さで「どっちも正しいんだから素直に認めよう」と、観測結果をあっさり認めてしまいます。そして研究室に戻り——ある観測結果が原理を満たさないことが示されたならば、これまで正しいと信じてきた原理のどこかが間違っているのではないか？　観測結果におけるその矛盾こそが、量子という概念の本質的な性質を示唆していないか？——と考えるのです。

ほどなく量子の研究者たちは、これまで誰も想起しなかった仮説を立て、矛盾する観察結果のいずれにも当てはまる説明を考案することに成功します。そのまったく新しい仮説は一体どこからやってきたのかについては、量子論史上重要な功績を残した物理学者たち、たとえばプランクやボーア自身でさえ、後によくわからない部分があったと告白しています。

●量子コンピュータのある未来へ向けて

さてこのような量子論の発達を基に、続いて量子情報科学が、量子についての新たな知を生み出していきます。量子情報科学は、量子をコントロールして何かに利用しようという応用科学的な追究と同時に、その過程で発見された新しい量子的な現象を物理学へフィードバックすることで、その理論を深化させようという試みでもあり、この二つが表裏一体を成した研究分野だといえるでしょう。

そしてこのような量子情報科学の集大成として、最も大規模な情報処理を目指し、また未来におけるその実現へ向けて近年急速に世界の注目を集めているのが、量子コンピュータであるといえます。量子コンピュータという研究領域の最先端では、〈モノクロ・古典的な世界〉と、〈フルカラー・量子的な世界〉の大きな違いが、まさにコンピュータを舞台に繰り広げられることになるでしょう。

さて、いよいよ本題へと入る前に、ここで本書のアウトラインをご紹介しておきましょう。

第一章ではまず、量子の基本原理となる量子力学について、その誕生から一応の完成をみる一九二七年ごろまでを中心に概観します。量子論の歴史的流れに沿いながらも、量子という概念の発展に注目し、量子はどこまでわかっているのかを見ていきましょう。

続く第二章では、ではなぜ新しいコンピュータとして量子コンピュータが注目されているのか、現在の「古典的」コンピュータの現状を概観し、未来の量子コンピュータにかかる期待の理由を解き明かします。

第三章では、量子的な世界で情報を担う単位となる「量子ビット（キュービット qubit)」をご紹介し、最も基本となる量子状態という概念を把握していきます。これによって、量子的な世界を理解する糸口をつかんでいただきたいというのが狙いです。

さらに第四章では、量子のもつ特徴をイメージ化したグラフィックな素材をいくつか用意しました。これにより、第三章で登場した概念を目に見える具体的なもので、よりリアルに把握していこうと思います。

そして第五章では、量子ビット一つをコントロールする技術の例として、現在最も早く実用化を目指した研究が進められている「量子鍵配送」を採り上げます。これまでの量子状態の理解を基に、量子ビットを操作するとはどういうことなのか、また量子を用いた技術のどんな点が優れているのかについて考えていきます。

第六章では、2量子ビットの相互作用の例として「エンタングルメント」という現象を解説します。1量子ビットを操作する技術が実用化を目指しているのに対して、2量子ビット以上の場合は、それとはまったく別の高度なオペレーションが必要となり、困難さが飛躍的に増大することが知られています。「エンタングルメント」の解説は多少複雑になりますが、量子の可能性を実感していただければと思います。

そして第七章ではいよいよ、1量子ビット操作や2量子ビット操作のいわば集大成である量子コンピュータを採り上げます。コントロールしなければならない量子ビットの数もシステム規模も最も大きく、実現へ至る道には、克服しなければならない多くの壁が立ちはだかっています。しかしその一方で、現在すでに、こうすれば量子コンピュータが可能であるという理論的な提案が、いくつかなされてもいます。私たちの日々の研究の現場から、最新の成果をお伝えします。

第一章　量子とは何か？

――量子力学という考え方の発達

●量子＝Quantum の語源は、量＝Quantity

量子論は、一九〇〇年、マックス・プランク（M. Planck 一八五八〜一九四七）の量子仮説によって始まりました。この量子仮説の意義はまず第一に、物理の世界にまったく新しい「量子」という概念を導入した点にあります。そしてこの新しい概念のキー・ポイントは、物理学が対象とする自然界の物質は「連続的」に変化するのではなく、「量子」という単位ごとに増えたり減ったりするという考え方にありました。

量子は英語で「Quantum」といい、現代の辞書では「Quantity」＝「量」と同じ語源に由来すると説明されています。「質より量」などというときの「量」と同じで、単位となるような一定の量を指します。要するに量子は1、2と整数倍で数えることができ、連続的という概念とは対照的に「とびとびの値」、つまり離散的な値をとるものという意味なのです。身近な例でいえば車、テレビ、サッカーボールなどは一つ、二つと数えることができ、半分のテレビとか半分の車などはないのが当たり前ですから、これらの量はみな離散的だといえます。これと同様に量子の場合も半分の量子といったものはなく、量子はすべて一つ二つと数えられる値しかとりません。

事が車やテレビならむしろ当たり前に感じられることも、プランクの量子仮説で採り上げられたのは電磁波が放出するエネルギーでした。このため、この「とびとびの値」というアイデアは、発表当時強い抵抗をもって迎えられます。

とはいえ、現代でも自然界の現象に関する一般常識は、根深く古典的な世界観によって形成されていますから、量子のような新しい考え方をすぐには納得できない、つまり歴史上の人々の当惑や疑念の声も、よくよく考えれば他人事ではありません。

そこで本章では、プランクに始まるまったく新しい量子という考え方が、どのように物理学に導入されていったのか、その概念の発達に注目して、量子力学の歴史を概観していきたいと思います。また、そのためには物理の基本的な要素の解説も加えながら、少し詳しく見ていくことにしましょう。

◇

まず「連続的」という概念を考えるために、たとえば自然界にある物の長さとか、エネルギー量などを計測するといった場合を考えてみましょう。0と1の間には0・5があり、そのまた0と0・5の間には0・25があり、という具合に、精度次第でいくらでも詳細な値を求めることができそうです。このようにとれる値が一直線に伸び、そのどの点でもとれると考えられる場合を「連続的」であるといいます。

古典力学では、長い間、自然界における量は連続的に変化すると考えられていました。さきほどの「連続的」の説明で、そうだよな、と思われた方も、実は「古典的」な考え方が身についている人だといえます。たとえばふだんの生活の中で「時間が刻々と過ぎる」という時には、無意識に〝刻々〟の間は連続しているものと考えているし、一方、鳥や飛行機が飛んでいる時に前進する空間がとびとびに抜けているなどと考えている人はいないでしょう。コマの回転の速さにしても、光の強弱にしても、多くの人が一般に――ギアチェンジのようにではなく、グラデーションのように――〝連続的に変化している〟、というイメージをもっているものと思われます。このように古典的な常識

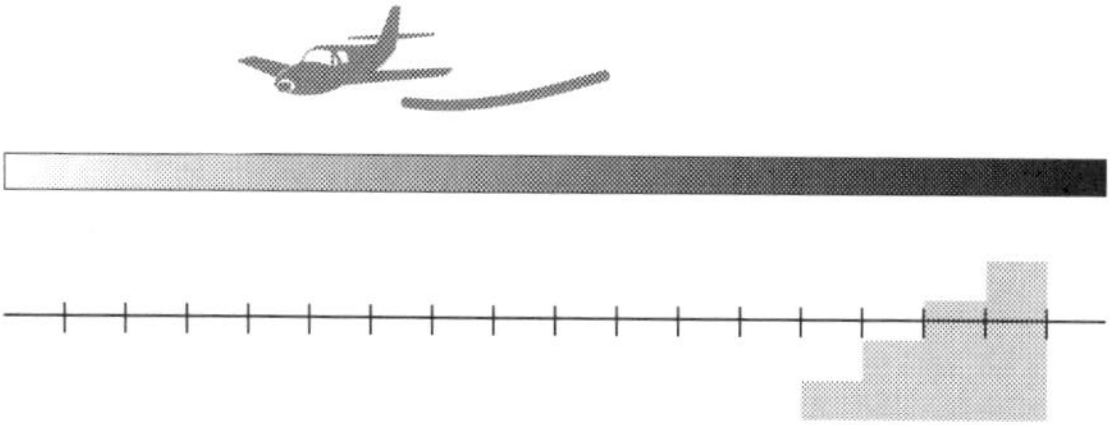

図1—1　離散値と連続値

グラデーションのように連続したものと、一つ二つと数えられる値しかとらない「離散値」。量子は、とびとびの値＝離散値をとるものとして発表された。

は、特に意識せずとも、非常に根強く生活のすみずみにまで浸透しているのです。

ところが、後ほど詳しく説明しますが、量子論はこれらのイメージを斥け、もう一つ別の描像を提案するものです。量子を考える場合は、常に自分が当たり前に正しいと思っていることを前提としていないか、よほど注意してかからなければなりません。

●「とびとびの値」というまったく新しいコンセプト

では自然界が「とびとびの値」つまり離散値をとると考えることに、どんなメリットがあるのでしょうか？

それは産業革命を達成し鉄工業に邁進する当時のドイツ

を背景として黒体放射の研究が進められるなか、量子仮説だけが、古典力学では説明できない現象をうまく説明してくれる理論だったことです。なお黒体とは、光を反射せずただ吸収するものをいい、溶鉱炉内で放出される熱放射は、黒体の熱放射の典型的な例とみなすことができます。

さて溶鉱炉を高温に熱すると、中にある鉄鉱石がどろどろに溶けてさかんにエネルギーを放出します。熱放射の実体は電磁波であり、電磁波は波長または振動数（周波数）によって特徴づけられます。溶鉱炉の上部に穴をあけ、そこから飛び出してくる熱放射を、波長または振動数を軸にして調べると、放射されたエネルギーの分布（スペクトル）が得られます。

このようなエネルギー分布は、これまでは古典力学の体系にある「等配分の法則」というものを使って説明できるはずでした。しかし、ある一定の振動数まではうまく説明できるのですが、振動数が大きくなると電磁波の放出が頭打ちとなり、観測結果はこの法則ではとても説明できないカーブを描くのです。一方で、それまでにも振動数が大きいところでだけ観測結果と一致するエネルギー分布が知られていました。

そこでプランクは、低い振動数の場合と高い振動数の場合に描かれる別々のグラフをフィッティングし、いずれの場合にもうまく説明できる新しい基礎概念を提案したのです。なんとなく簡単なように思われるかもしれませんが、量子仮説は、エネルギーには最小単位があるとし、エネルギーは連続的に変化しないとする衝撃的な主張でもあったのです。そしてこれこそが、物理学がやがて量子力学というまったく新しい、きわめて奇妙な考え方によって塗り替えられていく、記念すべき〃はじめの一歩〃であったのでした。

こうしてプランクの「量子仮説」によって、世界で初めて「量子性」という考えが物理学に導入されることになりました。その後の量子論の発達において、特にその初期に貢献した五つの功績を表1—1にまとめてあります。おもしろいことに、これらの発見はいずれも、プランクと同じようにまったく新しい「量子」というコンセプトを用いることで、これまでの理論では説明できなかった現象を——直接的な実験的証拠もなく

表1―1　初期量子論の様相

年号	提唱者	主なテーマ	説明を要したもの	量子力学の適用対象	量子論への貢献
1900	プランク	量子仮説	黒体放射の問題	電磁波	量子性の指摘
1905	アインシュタイン	光量子仮説	光電効果	光子	量子性の実体化
1913	ボーア	原子中の量子論	原子構造	一般の力学系	量子化の規則
1923	ド・ブロイ	物質波仮説	――	光子、電子など	粒子像と波動像の関係を定式化

――より本質的に解明し、説明する提案であったという点で共通しています。

●光は波であり粒子である！　アインシュタインの大発見

一九〇五年、アインシュタイン（A. Einstein　一八七九～一九五五）は「光量子仮説」を発表し、光電効果を説明することに成功します。光電効果とは、金属に光を当てると、光のエネルギーが金属の中にある電子にわたり、電子が十分なエネルギーを得ると金属の外へ飛び出してくる現象のことです。後ほど詳しく見ていきます。

さて光量子仮説の功績は、まずプランクの時と同じように、それまでの理論では説明できなかった光電効果という現象を説明することに成功した点に求められます。そしてそれと同時に、それまで波の代表格のように考えられていた光を、とびとびの値をとる「粒子」だと考えることで、プランクが提案した量子の概念を物理的な実体として浮かび上がらせた点がたいへん重要です。この波でも光でもあるという問題は「波動と粒子の二重性」と呼ばれ、後の物理学界でいっそうクローズアップされ、量子力学の根幹を成すテーマとして長く議論されていくことになります。

ところで「波動と粒子の二重性」が自然科学にとってなぜ大問題なのかといえば、波と粒子は自然界における現象を説明する土台となる概念であり、まったく相反する二大性質の代表選手のようなものであるからに他なりません。したがって、この場合光が、ある時は粒子であるという性質を示し、またある時は波であるという性質を示すという事態は、現代の私たちにとってもとても受け容れがたいものだといえるでしょう。

余談ですが、波であり粒子でもあるというと、パチンコ玉がたくさん入った箱を振ると、ザラザラと玉が移動する様子をイメージしてしまう場合がありますが、よく考えてみれば、これは波であり粒子でもある状態とは関係がないことがわかります。つまりこの例では、たくさんの粒子が集まって波を伝えてはいるものの、パチンコ玉の一つ一つについていえばあくまで粒子であるという状態に過ぎないのです。一つの実体が、ピストルの弾のような運動を行う粒子と、空間的に広がりをもって進む波という性質を併せもっているというのは、正確にイメージしようとすればするほど、私たちにとって実はたいへん困難なことなのです。

では、かくいう波とは何か——粒子のほうは、ピストルの弾などを思い浮かべれば、その性質も比較的イメージしやすいので——ここでは波とはどういう現象か、中でも光の波動性について、まず確認していくことにしましょう。

●波の重なり合う性質「干渉」でわかる光の波動性

波は、空間的に広がりをもち、それぞれ固有の「波長」があります。伝わる速度が一定であれば、波長が短いほど「振動数（周波数）」が大きく、反対に波長が長いほど振動数は小さいという性質があります。たとえばゆっくりと振動している波は、波の山から谷までに時間がかかり、その間にも波は空間を伝わって移動しているため波長の長い波だということになります。

音の場合、波長の長い波は低い音、短い波は高い音です。光の場合、波長の違いは、赤は波長が長く、紫は波長が短いというように色となって現れてきます。しかし光は私たちが見ることのできる範囲の外にもたいへん広いスペクトルをもっており、電波、電子レンジ、レントゲン検査などに使われている可視光以外の光もたくさんあります。これらをすべて含めて「光」と呼んでいるのです。

波という現象は、光のほかにもいろんなところで目にすることができます。一番身近なのは、池に石を投げ入れたときにできる円形状に広がる水紋ではないでしょうか。また物が振動して周囲の空気を媒体に音波を生じさせ、私たちの耳まで伝播すると、音だと認識されます。このように水紋ならば水、音ならば空気のように、波は一般に何かの媒体を必要とし、その媒体に乗って伝えられるのがふつうです。

また地震も波によって伝わる例の一つです。地震の揺れの大きさは、地震波の「振幅」によって決まってきます。

そして波には「反射」「屈折」「干渉」という特徴的な現象が見られます。光の振る舞いをちょっと思いだしてみてください。水面がきらきらしているのは光の反射だし、水面から出ている葦の茎が水面のところで曲がっているように見えるのは屈折の現象です。そして中でも波特有なのが「干渉」という現象です。波の振動は空間で重なり合い、二つの波が出合うと互いにその力を打ち消し合ったり、強め合って大きな波になったりします。これを「干渉」といい、光の場合、これによって起こる「干渉縞」を、私たちは目にすることがあります。

この「干渉縞」をはじめ、他にも波であることを示す多くの証拠が見つかっていることから、光は波であると考えることができます。なお光は真空中でも伝わることから、媒体を必要としません。

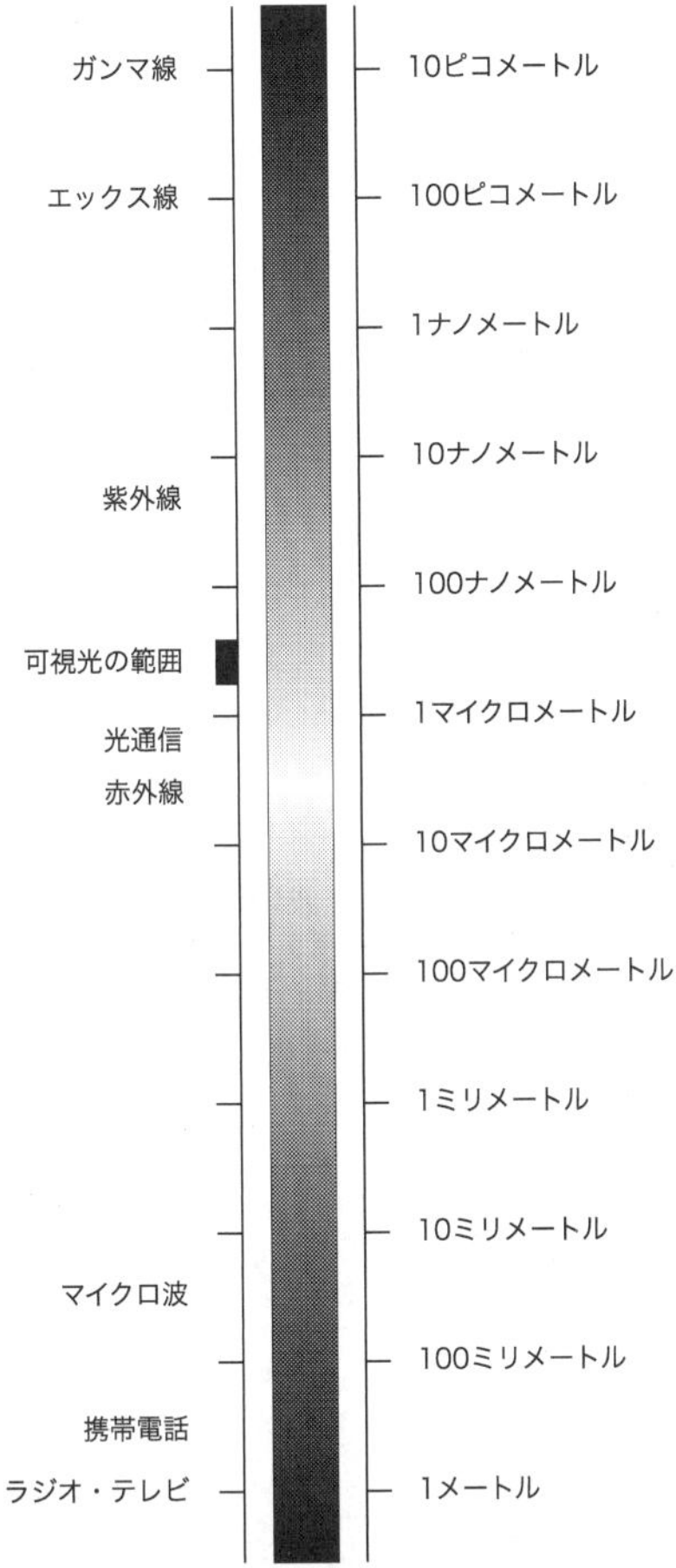

図1—2　光のスペクトル

光すなわち電磁波は、長い間「波」だと考えられてきた。波長によって図のようにさまざまな種類があり、可視光は380〜750ナノメートルのごく狭い範囲に留まっている。

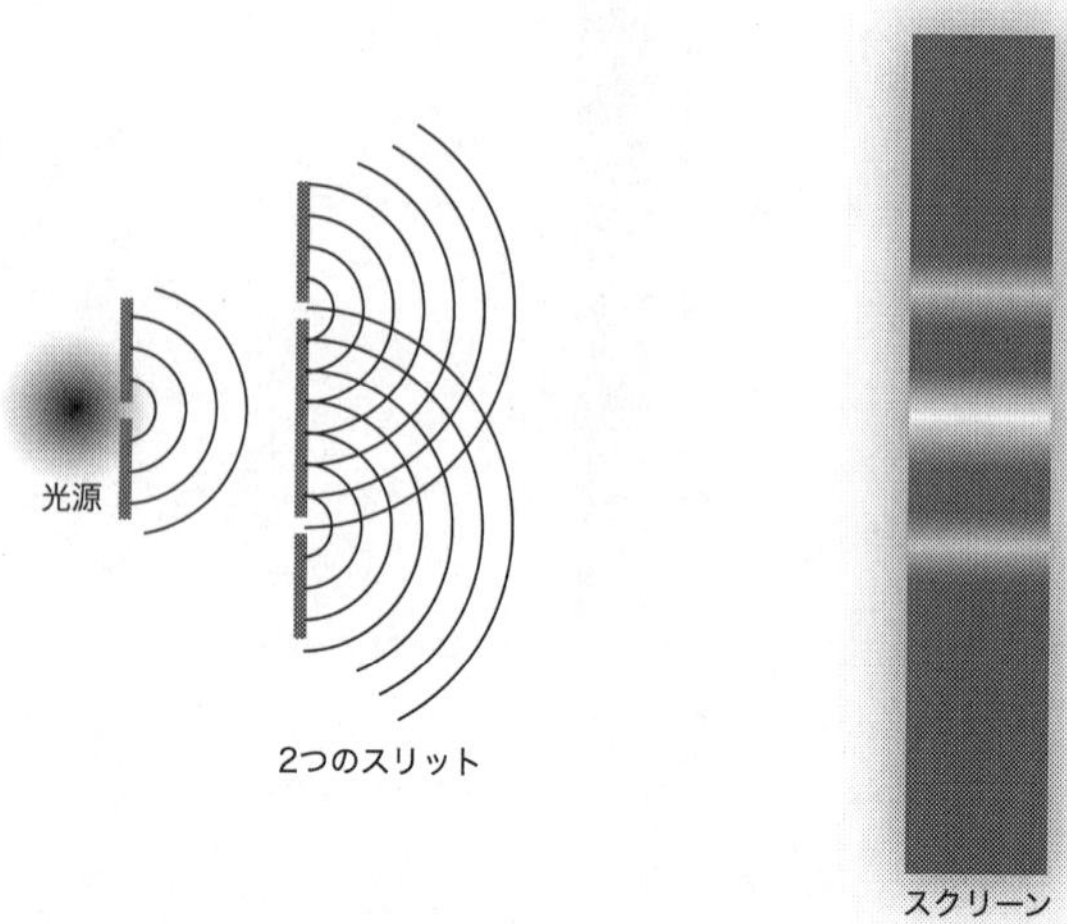

図1—3　波の干渉

光源から出た光が、二つのスリットを通ってスクリーンに到達すると、スクリーン上に「干渉縞」が現れる（ヤングの実験）。ところがこれを光ではなく電子を用い、1粒ずつ発射しても縞模様が現れる。電子に波動性があることを示すものだ。

●量子を実体化した「光量子仮説」

では光電効果へ戻りましょう。前項で説明してきたように、波においては「波長」と「振動数」がその性質を決め、「振幅」が強さを決めていました。そこで波の振幅と振動数の大小を組み合わせた四つの場合について、これを観測すると、32ページの表1—2のような結果になります。そして光を波と考えると、表のグレーの部分が説明できないのです。

まず問題なのは、Cの観測結果です。光が波ならば、金属に当たる光が強ければ強いほど、多くの電子が飛び出して来そうなものです。光の強さは、光の振幅で決まりますから、光の振幅が「大」きくて、光電効果「あり」の観測Aは問題ありません。ところが観測Cでは、光の振幅が「大」なのに光電効果が見られないという困った結果になっているのです。そこでAとCを比較してみると、両者は光の振動数に違いがあることがわかります。

このようにして、いくら光が強くてもある一定以上の大きさの振動数をもつ光でなければ、光電効果が観測されないことが判明してきます。続いて光電効果が観測されたAとBについて、電子1個のエネルギー量について見てみると、当てた光の振幅に大小の差があるにかかわらず、一定であるという結果が出されるのです。

そこで表1－2に示された観測結果についてまとめると、

・光電効果を左右しているのは振幅ではなく振動数である

表1－2　光電効果の観測結果

観測	A	B	C	D
光の振幅	大	小	大	小
光の振動数	大	大	小	小
光電効果	あり	あり	なし	なし*
電子放出量	A＞B		──	──
電子１個のエネルギー量	A＝B		──	──

＊光を長時間あてた場合でも変化なし

・電子1個が光から受け取ったエネルギー量は、光のもつ振動数に応じて一定である

ということになります。

そこで光を粒子だと考えてみます。金属の中にある電子は、金属内で安定しているため、そのつながりを断ち切って外へ飛び出してくるには、大きなエネルギーが必要です。光の振動数が小さすぎると光の粒一つあたりのエネルギーが小さく、光の粒が電子をはじき飛ばそうとしても、電子が飛び出すのに十分なエネルギーが得られないので、電子は金属の外に飛び出ることができません。このような描像を基に観測結果を眺めてみると、実にA～Dすべての光電効果の有無が説明できるのです。

まず、さきほど問題だった観測Cを見てみましょう。Cの場合、いくらたくさん光が来ても、光の粒一つ一つが小さければ電

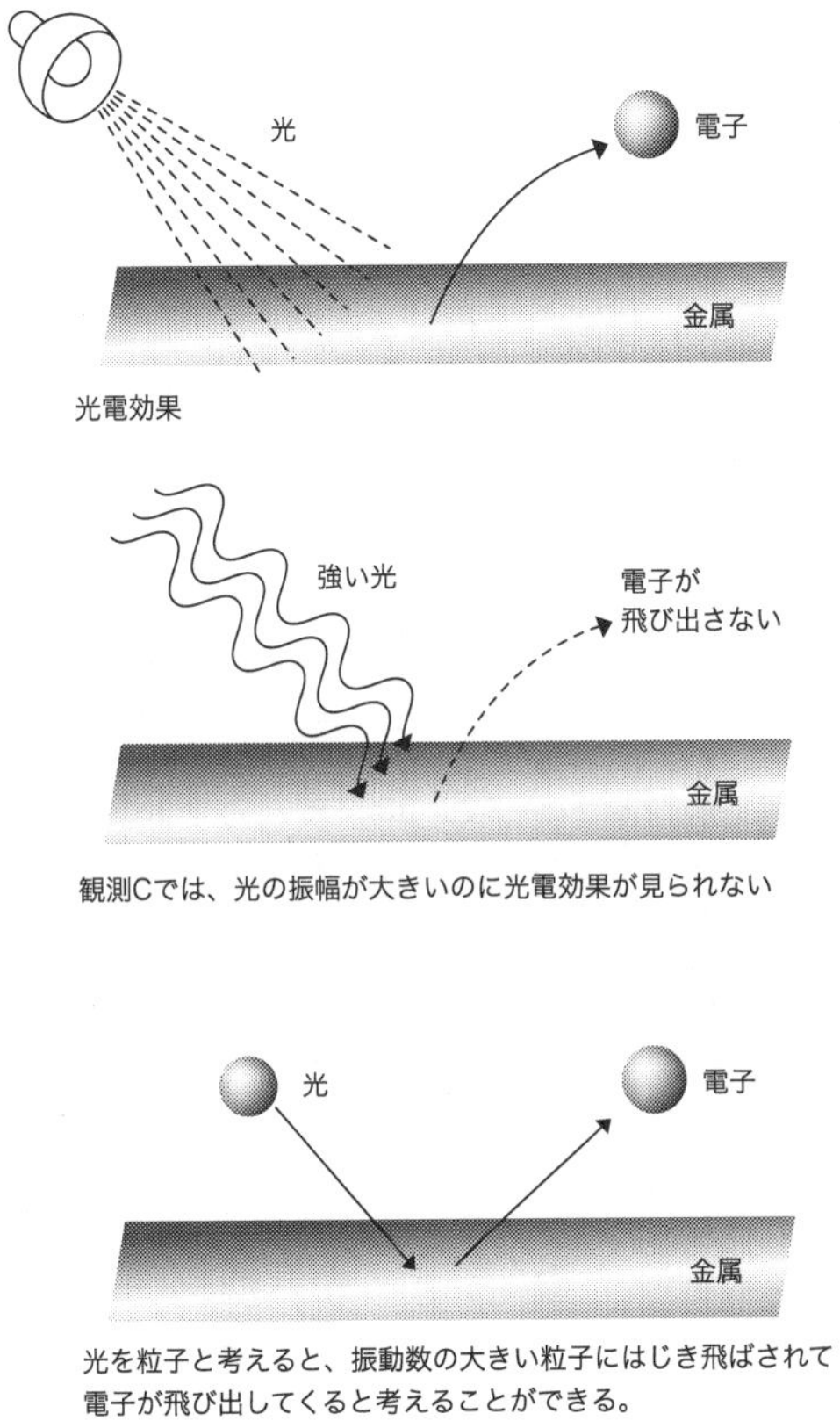

光電効果

観測Cでは、光の振幅が大きいのに光電効果が見られない

光を粒子と考えると、振動数の大きい粒子にはじき飛ばされて
電子が飛び出してくると考えることができる。

図1—4　光電効果

太陽の陽差しを思い浮かべればわかるように、光はエネルギーと運動量を運ぶことが知られている。金属に光をあてると、その表面から電子が飛び出してくる現象が見られ、これを「光電効果」という。

子が飛び出すには不十分なため、光電効果が起きません。波の場合、その大きさを決めていたのは「振幅」でした。しかしもし光が粒子なら、「振動数」が小さければ、光の粒が小さいということを意味し、その粒がもつエネルギーが、電子をはじき飛ばすに不十分であれば何も起こらないことになります。

次に観測AとBで、電子1個のエネルギー量が一定である問題については、光一粒から受け取ったエネルギーはみな等量であると考えることで解消できます。同様にして、観測Aにおいてより多数の電子が飛び出してくる理由についても、光の粒子が十分大きい場合には、光の振幅が大きいほど多数の粒子がぶつかるからと考えることができます。このように波と粒子の根本的な性質の違いが、説明できなかった観測結果を見事に説明してくれます。まとめると、次のようになります。

・光の粒が十分大きいかどうかが、光電効果を左右している
・光が電子にわたすエネルギー量は、光の一粒一粒に相当するため一定

ちなみにこのとき電子とエネルギーをやりとりする光のことを光子といい、現在では

英語で「フォトン（photon）」といいますが、アインシュタインはその粒子性に注目して、これを「クォンタ（quonta）」と呼んでいました。「クォンタ」は「クォンタム（quantum）」すなわち「量子」の複数形です。量子という実体はまず、光において見いだされたのでした。

●量子力学の体系を、簡単な見取り図にまとめると……

さて量子力学という体系がユニコーンを描く一枚の絵だとすれば、一九二〇年代はまず尻尾、今度は角という具合に部分部分にスポットが当てられ、さまざまな議論を巻き起こした時代でした。尻尾を捕まえた時にはライオンのような生き物ではないかといわれ、続いて角が見つかればサイのような動物ではないかといわれたりしながら手探りの解明が進められ、結果的に見れば〝ユニコーン〟という不思議な全体像へ急速に迫った時代だったということができます。そしてこの過程のなかで、結果として、これまでの科学が貫いてきた「観測された現象から誤差など余計なものを取り除いてエッセンスを抜き出し、より広く一般にあてはまるよう法則化する」という伝統によって、とりこぼされてきた事実が、次々と明るみに出てきます。

まず原子構造をめぐる議論から、量子論とミクロの世界が急速に接近します。そして光において見いだされた量子的性質が、電子のようなそれまで粒子と考えられていた物質にも認められ、その適用範囲が飛躍的に拡大します。さらに「波動と粒子の二重性」を備えた物質の時間的な推移を万能に導くことができる「波動方程式」というものが整備され、量子力学を基礎づけます。そしてだいたい一九二七年ごろまでに主要な考え方が出揃い、また物理的な状態を表現する数学的な方法も整えられるのです。

これらの量子力学の基礎的かつ主要な特徴をまとめると、次のようになります。

◇量子力学の場合

1　（量子は）とびとびの値をとる

2　物質には「波動と粒子の二重性」がある

3　ミクロの世界を支配しているのは量子的な法則である
4　物質の運動は、「波動方程式」で求められる
5　物質は、空間的な広がりをもって確率的に存在する
6　物質の状態は、観測されることによって変化する

これらの特徴は互いに関連し合い、さきほど〝ユニコーンの絵〟にたとえたように、一つの合理的な全体像を形づくっています。また、これを古典力学に対比させれば、その違いはいっそう明確になるはずです。

◇古典力学の場合
1　自然における変化は連続量である
2　物質の性質には大きく「波」と「粒子」の二つがある
3　万物の世界を支配しているのは（古典）物理的な法則である

表1—3　量子論略年表1「量子という概念のはじまり」

量子論は、一九世紀末、ほぼ完成されたと考えられていた物理学の〝しみ〟のような存在として現れた。しかし光電効果、コンプトン効果、原子構造、原子スペクトルなどの説明に用いられ、次第に成功を収めていく。	
1900年	プランク、黒体放射の量子仮説
1905年	アインシュタイン、光量子仮説で光電効果を説明
1911年	ソルベイ会議第一回、量子論をテーマにブリュッセルで開催
1913年	ボーア、水素原子のバルマー系列を量子化条件で説明
1915年	ゾンマーフェルト、ボーアモデルを非水素に拡張
1919年	ラザフォード、陽子を発見し、中性子を予言
1923年	ド・ブロイ、物質波を提案
	コンプトン、X線によって光子の実在を実証(コンプトン効果)
1924年	ボース・アインシュタイン統計が発見される
1925年	パウリ、パウリの排他律を発見

4　物質の運動は、「運動方程式」で求められる

5　物質は、初期状態を明らかにすればその運動(軌道)を決定できる

6　物質の状態は、客観的事実であり、観測によって違いが生じるべきではない

古典力学と量子力学とは、かくも見事に相反する特徴をもった世界だということが、おわかりいただけるかと思います。そして古典から量子へ、パラダイム変換と呼べるような大変革を経た先に現代の物理学があることはいうまでもありません。

量子論は物理学界に数々の議論を巻き起こしながらも、徐々にその適用範囲を広げ、概念を拡充していきます。なお表1―3〜5に、量子論に関する主なできごとをまとめた簡単な年表を掲げました。

●量子の考え方がミクロの世界を解明する

さて黒体放射、光電効果と、これまで物理学が答えられなかった謎の現象を説明してきた量子論は、その考え方を、今度は原子構造というミクロの世界の解明に用いて成功を収めます。

ところで「原子」が「atom（アトム）」であることはご存知の方も多いと思います。物質の基本構成粒子として「これ以上分割できない粒子」という意味で付けられた名前ですが、現在ではより小さな構成要素へと解明が進んでいます――まず原子の中心には原子核があり、その回りをいくつかの電子が回っています。原子核の中にはさらに陽子と中性子があり、陽子と電子はプラスとマイナスの電気力で引きつけ合っています。そして原子は原子核内の陽子の数によってさまざまな種類があり、一つしかない原子は水素、二つの原子はヘリウム……というように続きます。これを表したのがおなじみの周期表です。これらの原子モデル図や周期表を、教科書などでご記憶の方もいらっしゃるのではないでしょうか。

ところが、この解説にはいくつか説明を要する点があります。まず電子と原子核（の中の陽子）は引きつけ合っているというわけですから、お互いの力でくっついて一つの粒子になってしまいそうなものです。しかし電子は原子核の回りを回転運動しているので外向きに遠心力が働き、ちょうど地球が太陽の回りを公転しているのと同じように、回転運動と求心力との均衡が保たれているのだと考えることができます。

ところが、電子が運動すれば、光すなわち電磁波を発生させます。したがって原子の中の電子も回転する軌道に応じて連続的に電磁波を放出し、その分エネルギーが減っていくと考えなければなりません。すると電子と原子核との力の均衡は崩れ、電子はやはり、原子核のほうへぐいぐい引き寄せられながら、らせん状に中心へ落ち込んでいくはずだと推察されるのです。

それにもかかわらず事実は、電子と原子核は合体することなく、原子は安定して存在しています。なぜでしょうか？

●「電子は軌道を描いて回っている」のではない

この問題に答えるためには、電子から放出される電磁波を観測し、電子が失ったエネルギー量を調べる必要があります。その結果、以下のような特徴が判明するのです。

・電子にはこれ以上電磁波を放出しない、最低のエネルギーをもつ「基底状態」がある
・電磁波は連続的にではなく、〃とびとびに〃放出される
・放出される電磁波は、いくつかの〃特定の〃エネルギーをもっている
・それ以外の時は電磁波を出さずに一定のエネルギーを保ったまま回転し続けている
（定常状態）

一九一三年、ボーア（N.Bohr　一八八五〜一九六二）は電子一つをもつ原子である水素原子について、この原子モデルに「とびとびの値」という量子的な考え方を適用してこれらの観測結果を説明し、量子力学に大きな可能性を拓きます。ミクロの世界において、事実として原子が安定しているのならば、どのような量子的なルールがなければならないか——ボーアはその条件を具体的に示して見せたのです。

一方、これまで波だと考えられてきた光が粒子であるならば、粒子だと考えられてきた電子や陽子などの物質も、実は波なのではないか、というアイデアも生まれてきます。これが一九二三年にド・ブロイ（L, de Broglie　一八九二〜一九八七）によって提案された「物質波仮説」であり、彼はこのアイデアをもとに、波動性と粒子性という二つの相容れない性質の関係式を設計し、この関係性が光や電子をはじめ広く一般に適用できることを示しました。

「波動と粒子の二重性」という原則をいっそう徹底化するこのド・ブロイの提案は、

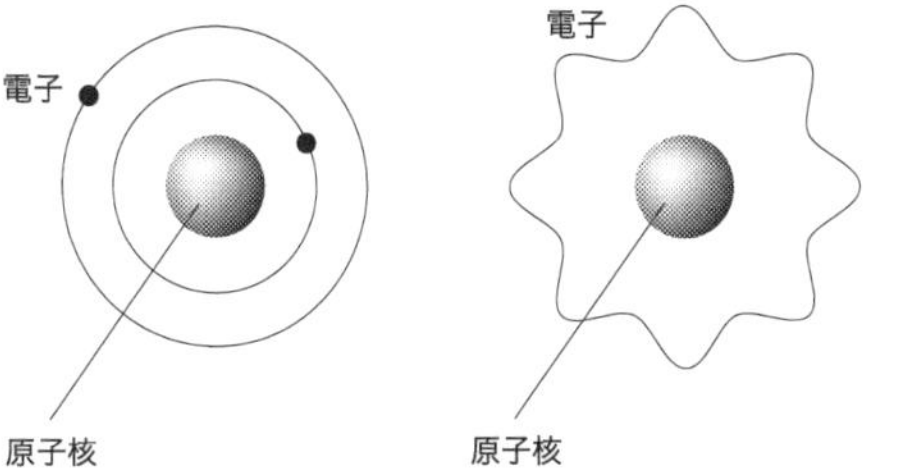

図1—5　電子は原子核の回りに波として存在する

原子の内部では、ちょうど太陽の回りを巡る惑星のように、原子核の回りを電子が回転しているのだと考えられてきた（図左）。しかし量子力学では、電子は円周上にぴったりと合う波長の波として、原子核の回りに存在する（図右）。

まず量子的な条件として示されたボーアの原子構造モデルに、いわば〝種明かし〟をもたらします。電子は波であると考えることが許されるならば、波には前述のように波長があるため、波が1周、2周……とするたびに、波の山と谷とが毎回同じところでぴたりと合わなくてはなりません。したがって電子が波であれば、必然、整数倍で増減するし、波長が「0」であればその波は存在しないことになり、この特徴は原子モデルをよく説明します。すると電子は、それまでの描像のように軌道を描いて原子核の回りを回っているのではなく、量子力学によって、原子核の回りに波動として存在すると考えられるようになったわけです。

●物質がどこに存在するかは〝確率的〟にしかわからない!?

またド・ブロイの定式化以降、波動性と粒子性を備えた物質が空間内をどう進行していくのか、その様子を記述できる数学的表現が追求され、シュレーディンガー（E. Schrödinger　一八八七〜一九六一）によって「波動方程式」が成立します。この式によって私たちは、ちょうど古典力学におけるニュートン（Sir I. Newton　一六四二〜一七二七）の運動方程式に対応するような、きわめて万能な法則を手に入れたことになります。波動方程式に従えば、波動性と粒子性を兼ね備えた物質が、波面を描いて拡散しながら進行していく様子を描くことができます。

しかし運動方程式から波動方程式へという量子力学の発展は、物質の時間的な進行が、軌道から拡散する波動へ変わったというだけにとどまりません。というのも波動方程式という数式の形で表現されていることが、いったいどういう物理的な内容に対応しているのか、必ずしも自明ではないからです。そしてこのことが、実は物理学に新たな基本原理を持ち込むことになるのです。

ニュートンの運動方程式を解くことで得られるのは、ある時刻にある位置に存在する物質が、ある速度をもっている場合という条件を与えることで決定できる、その物質の軌道です。つまり初期条件さえ決まっていれば、物質のその後の位置を予測してくれるのがニュートン力学なのです。もちろんこれはマクロの世界において万能に通用する方程式であり、私たちの常識に照らしても何ら不自然はありません。ゴールを決めたサッカーボールが描くカーブも、バンジージャンプで落下していく様子も、大陸間を横断するミサイルの弾道も、みんな運動方程式で求めることができます。

では量子力学においてはどうなるのでしょうか？　物質は、シュレーディンガーの波動方程式に従って波面を描きながら広がっていきます。ところがこの広がった状態は、物質のその後の位置を示しているのではなく、実は、物質が存在する確率分布を表しているのだ、ということがわかってくるのです。

たとえば同一の初期条件をもったくさんの粒子を用意して、スクリーンに当ててみるとしましょう。そして粒子があたった点にできる〝しみ〟を見ると、たくさん当たるところあり、ほとんど当たらないところありというように、検出される位置はばらつきながらも、濃淡を生み出すことがわかります。このことから、量子力学が物質の位置について知りうる知識の特徴が二つ浮かび上がってきます。

一つは、たくさんの結果を集計するという統計的な手法を用いれば、物質のその後の位置はある場所には高い確率で観測され、別の場所には低い確率で観測されるといった存在の確率分布が明らかになるという点です。もう一つはこれとは逆に、個々の粒子については、その一つ一つがばらついた確率分布のいったいどこで観測されるのか、〝ここ〟と指定することはできないということです。

ニュートン力学においては、物質の存在が「確率的」でしかないのは要するに何らかの情報が不足している場合であって、その不足が満たされれば、物質のその後の位置は軌道によって「決定的」に示すことができるものでした。しかし量子力学では、物質がどこに存在するかは確率的にしかわからない——物質の存在というまさしく原理的な部

表1―4　量子論略年表2「量子力学の成立」

量子力学が確立され、現代物理学の中心的テーマとなる。古典力学の運動方程式に対応する波動方程式が示され、量子的な考え方の適用範囲が飛躍的に拡大する。また確率解釈や不確定性原理など、量子力学の原理も追究された。

1925年	ハイゼンベルク、行列方程式を発表
1926年	シュレーディンガー、波動方程式を発表
1926年	パウリ、ハイゼンベルクとシュレーディンガーの方法の同等性を証明 ボルン、波動力学の確率解釈を提唱 フェルミ・ディラック統計が発見される
1927年	ディラック、量子電磁気学(QED)を始める
1927年	ハイゼンベルクの不確定性原理
1935年	アインシュタイン、ポドルスキー、ローゼン、EPRパラドックスを発表、量子力学の非局所性を攻撃
1935年	シュレーディンガーの猫のパラドックス

分に、確率的な考え方を採り入れたものといえるでしょう。

●位置を決めれば運動量が決まらないというジレンマ

さて、いよいよ私たちは量子力学に特徴的な、驚くべき考え方のハイライトに入りつつあります。まず量子力学では、原理的に、物質がそこにあるかどうかは確率的にしかわかりません。では計測してみましょう――ところが計測すると、〝ここにある〟という1点が判明するため、これを数学的に表現すれば1点に集中した式で記述せざるを得ません。

つまり量子力学では、観測者が介入することによって、それ以前の確率が分散していた状態は失われ、まったく違った状態へと変化してしまうのです。

本章の冒頭で紹介したように、物質はどのように存在すると考えられているのかについて、まず量子力学的考え方の根幹に据えられたのが「波動と粒子の二重性」でした。物質が単に粒子として存在するなら、位置と運動量を同時に測ることができ、その後の軌道も求められるわけです。ところが粒子であり、波動でもある量子においては、そうは簡単にいきません。

また観測というものは一般に、何らかの作用を行い、その反応によって対象物質の存在や状態を判定します。たとえば自然界の風量を計測する場合であれば、風を何かに当ててその量を知るわけですし、小さな物を顕微鏡で観察しようという時には、まずは光があってそれが対象に反射して初めて、その詳細な姿が明らかになるのです。

では、このことが光子一つ、電子一つといったミクロの世界で一体どういう意味をもってくるのか、思考実験として光を当てて電子の位置と運動量を測る場合を考えてみよう、と提案したのがハイゼンベルク（W. Heisenberg 一九〇一〜七六）でした。彼は一九二七年、位置を測れば運動量に幅が生まれ、運動量の精度を上げれば位置が不明になるという、二つの精度が反比例する関係が成り立つことを確かめました。これが「不確定性原理」と呼ばれるものであり、哲学などに広く影響を与えたことでも知られています。量子力学においては、これ以降、物質の位置と運動量については、その正確な知識を同時に得ることはできないということが前提されるようになります。

このように量子力学は、古典力学では気づかれることのなかった不確定な関係を見いだし、決定可能な位置と運動量に代わって、「確率的な状態」という物質の存在についての新たな知識を生んでいくことになるのです。

表１―５　量子論略年表３「量子力学の発展」

量子力学的から発展した場の量子論、量子統計力学、量子電磁気学は原子、分子、原子核、素粒子、宇宙など広い適用範囲をもち、物性物理学、量子化学、量子生物学、量子光学、量子エレクトロニクスなど広範な研究分野に広がっていく。	
1941年	ランダウ、超伝導、超流動の量子論、量子流体力学
1947年	朝永振一郎、シュィンガー、ファインマン、QEDのくりこみ理論の完成
1948年	ファインマン、経路積分量子化の方法
1957年	エベレット、量子力学の多世界解釈を提唱
1964年	ベルの不等式が発見される
1972年	ゲルマン、フリッチ、バーディーン、量子色力学を構築
1982年	アスペ、ベルの不等式を実証し、EPRを否定
1995年	エドワード・ウィッテン、M理論 リサ・ランダル、量子重力に関する理論

●なぜ「シュレーディンガーの猫」は、もはやパラドックスではないのか

本章の最後に「シュレーディンガーの猫」という有名なパラドックスをご紹介しましょう。

まず実験装置を用意します。箱の中に猫を閉じこめ、これと一緒に毒ガス容器と、これを壊して毒ガスを放出するトリガー装置を入れます。

そして箱の外に、弱い放射性をもつ原子核と、この原子核が出した放射線を感知する検出器をセットします。この原子核には放射線を出す状態と出さない状態の二つがあるものとし、放射

線が検出されれば箱の中に信号が送られて、トリガー装置のハンマーが振り下ろされ、毒ガスが放出されて、猫は死んでしまいます。もし放射線が検出されなければ、信号は送られず、猫は無事です。――果たして、中の猫はいったいどうなったでしょうか？

シュレーディンガーが問いかけたのは、観測するまで状態が確率的にしか決まらないのならば、猫の生死は箱の中身を開けてみるまでわからないことになる、したがって猫はそれまで半生半死の状態にあることになるのだろうか、という点です。これまで見てきたように、量子力学は、ミクロの世界において物質は確率的に存在しているということを明らかにしてきました。ではなぜ、それが猫には当てはまらないのか――と、シュレーディンガーの矛先は、実は量子力学へと向けられているのです。

このパラドックスは現在すでに解消していますので、量子力学の考え方に沿って、これがなぜ量子力学の矛盾を指摘することにならないのかを説明していくことにしましょう。

これにはまず、ある共通のルールによって成立している世界の範囲を表す「系（system)」という考え方を知る必要があります。たとえばミクロの世界においては、物質が量子的に振る舞うことから、これらの系は量子的であると考えることができます。このように量子性を備えた系を「量子コヒーレンス」が保たれた状態であるといい、その状態が壊れてしまって量子的なルールが通用しなくなることを「デコヒーレンス」と呼びます。量子的な系は測定を行うことなどによって壊れやすく、またデコヒーレンスしてもはや量子的でなくなってしまった系は、古典的な系となります。

そこで「シュレーディンガーの猫」の実験装置をよく見てみましょう。原子核があり、それが放射線を出したり出さなかったりしている現象については、これは「量子コヒーレンス」が保たれている系であると考えられます。しかしこの装置では、その後検出器によって測定を行っているため、この時点で量子的な系は壊れてしまっていると考えられるのです。したがってその先にある、信号を受けて働くトリガー装置の動きも古典的であり、毒ガスが放出されるしくみも古典的です。さらに毒ガスを浴びて猫が死ぬ、あるいは浴びなかったので死なないという現象も、明らかに古典的な系での出来事

図1—6　「シュレーディンガーの猫」の実験装置

なのです。結論として、猫はあくまで古典的な系にあり、量子力学が通用しなくても不思議はないということになります。

もう一つの問題である、猫の生死はいつ決まるのかという点についても、前述のようにこの装置のどこまでが「量子コヒーレンス」が保たれた状態であるかで、求めることができます。つまりこの装置では原子核が放射線を放出して検出器を作動させるスイッチの部分に量子的なしくみを使っているものの、その他はすべて古典的な系なのです。したがって猫の生死の確率が50%ずつで宙に浮いているのは、私たちがまだ箱の中を見ていないからであり、生死が決まるのはもちろん毒ガスが放出されたあるいはされなかった瞬間だということになります。

●量子情報科学と素粒子物理学がそれぞれに目指すもの

ところでシュレーディンガーは、波動方程式を考案して量子力学に大きな功績を残した、あのシュレーディンガーと同一人物です。序章でご紹介した晩年のアインシュタインと同様、彼もまたその功績以降、正統派の量子力学に反対するという軌跡を残しているのです。これらの例が示すように、量子についての研究は決して一直線に進歩したのではなく、数多くの紆余曲折を経て発展していったものということができます。

◇

さて本章では量子力学の発達を概観し、量子というものが光子、電子などのさまざまな身近に存在する物質を考える際に役立つ概念であり、また量子的な世界を構成する物質の基本原理であることについてみてきました。

ところでミクロの世界が解明されるにつれ、物質の基本単位は何かというきわめて物理学の本題を成す探求は、その後素粒子物理学へと発展します。そしてその歩みのなかで、陽子、中性子、ニュートリノなど100種類を超える素粒子が発見されるに至るのです。しかしなにしろ100種類以上もあるわけですから、これらがみな物質の基本単位、つまり〝素〟の粒子であるという主張には疑念が生じてきます。そこでさらに根本的な理論の解明を求めて、〝素〟粒子よりさらに深い階層にあるものとしてクォークが見いだされ、続いてさらに深く、超ひも理論において「ひも」と呼ばれるものが追求されていきます。このように素粒子研究では、必然的にどんどん小さな対象へとフォーカスしていくため、現在では理論を検証するだけでも、ちょうどニュートリノの検出に成功したカミオカンデのような、ますます巨大な実験装置が要請される研究分野となってきています。

一方、素粒子とは対照的に、量子とは概念であり、「量子」という物質が存在するわけではもちろんありません。量子性を追究し、むしろなるべくどこにでもあるような身近なものを使って、何かに役立てることはできないか、という方向で進んだ研究が、今日の量子情報科学を発達させていきます。そして量子情報科学の中でも、最も遠大なロードマップをもつ分野が、いよいよ次章以降に登場する量子コンピュータなのです。

第二章

なぜ量子で情報処理を行うのか？

——コンピュータの限界を超える

●量子コンピュータはなぜ注目されているのか？

さて近年「量子」は、通信のセキュリティの問題や次世代コンピュータといったテーマへの関心の高まりを背景に、新聞のニュースやテレビ番組などでも採り上げられる話題になってきました。なかでも注目を集めているのは、量子力学そのものというよりは、やはり量子コンピュータの話題ではないかと思われます。そこで本章では、量子力学に立脚した前章とはやや視点を変えて、現在のコンピュータを超える新しいさまざまなしくみが模索される中で、なぜ今、量子コンピュータが熱い注目を集めているのかという関心に沿って、量子コンピュータをご紹介していきたいと思います。

量子的な世界から見ると、現存するおよそすべてのコンピュータは――スーパーコンピュータや、地球環境シミュレータのような大規模なシステムも含めて――「古典的」コンピュータというカテゴリーに括ることができます。そして一言でいえば、量子コンピュータは原理的に古典的コンピュータの抱える限界を超えるであろうと考えられており、このことが注目の原因と思われます。では現代のコンピュータの限界とは何であり、量子コンピュータの原理的な優位点とは何なのかについて、さっそく見ていくことにしましょう。

◇

そもそもコンピュータとは「電子計算機」、つまり電子の働きで計算を行う機械を指すわけですが、現在の多くのコンピュータはそこから一歩進んで、計算を通じて何らかの情報処理を行う装置といったほうが適切でしょう。私たちはすでに、ふだん何気なくあるいははっきりと意識して、家電、駅の自動改札機、銀行のATM、カーナビといった、たくさんのコンピュータを使って暮らしています。そしてオフィスや自宅で使われているパソコンは、おそらく最も身近に、それが情報処理装置であることを意識させるコンピュータなのではないでしょうか。

いまや日用品の一つとなったパソコンは、その開発競争も熾烈で、買って1年もたたないうちにパワーアップした新商品が発売されてがっかりした……といった体験をおもちの方もきっと多いと思います。そんな場合のパワーアップのポイントは、例えば新しい機能が使えるとか、新しい通信方法が選択できるなどのソフトウェア的な魅力であったり、また今まで使えなかったメディア（媒体）が読み書きできるとか、新しい端子が付いて周辺機器との接続が便利になったとかいうこともあるでしょう。しかし最もシンプルで決定的なマーカーは、なんといっても情報処理のスピードです。少なくとも、こと ハードウェアに関していえば、情報処理がいかに速く行えるかという性能を競って開発競争が進められてきたといっても過言ではありません。

●〝より速く〟を目指すと、コンピュータは〝より小さく〟進化する

では一体ハードウェアのどの部分が、コンピュータの処理速度の限界を決めているのか、パソコンの中身をイメージしながら、もう少し詳しく見ていきましょう。

パソコンのカバーを外すと、中にはいろいろなパーツや装置が入っています。そのう

ち情報処理の心臓部、つまりパソコンの処理速度を決めているのが、CPU（Central Processing Unit　中央処理装置）と呼ばれるユニットです。顕微鏡を使ってさらにクローズアップして見ると、CPU内部は非常に複雑な構造をしており、ごく小さなパーツやコンポーネントとそれらを結ぶ回路が複雑に入り組んで走っています。私たちがパソコンを使う――つまりコンピュータに〝何かをせよ〟と指令を出す――と、この内部の極小パーツ間をそれぞれ電子信号が行き来することによって、情報が処理されていくのです。

突き詰めればこの電子信号の行き来に要する時間こそが、コンピュータの処理速度を決定づけているということになります。信号の速度をどんどん速くすることができれば、コンピュータの処理速度も限界なしに、どんどんスピードアップできると考えられるわけです。

ところが相対論により、物が動く速さは「光速を超えることができない」という限界が知られています。光の速い性質に注目して、宇宙における遠大な距離を表現する天文学の単位の一つとして、光が真空中を1年間に進む距離を表す「光年」が使われていることをご存知の方も多いと思います。ちなみに1光年は9兆4605億キロメートルであり、光の速度は秒速にして10の8乗の3倍＝33億メートルもの速さであることがわかっています。したがって行き来する信号の速度には、「光速の壁」という限界があるのです。

では何を開発したら、コンピュータは速くなれるのでしょうか？　速度は一定で所要時間を減らしたいのですから、その答えは、信号をやりとりする2点間の距離を短くすればいいというところに行き着きます。コンポーネントや回路をできるだけ小さくして、できるだけ一箇所に集中させること。言い方を変えれば単位体積あたりのコンポーネントの数が多いほど、より多くの情報を扱うことができ、速いコンピュータをつくることができるのです。コンピュータのハードウエア開発競争とはつまり、「より速く＝より小さく」を実現する技術をめぐって展開されてきたといえるのです。

●ディファレンス・エンジンからシリコン技術まで

〝より速く〟の達成とともに、いったいコンピュータはどれだけ小さくなったのか、コンピュータ・ハードウェア発達の歴史をちょっとのぞいてみましょう。

現在のコンピュータにつながる最初のマシンを設計したのは、イギリスの数学者チャールズ・バベッジ（Charles Babbage 一七九一〜一八七一）であるといわれています。イギリス最大の科学者ニュートンが没してからちょうど百年後にあたる一八二〇年代、バベッジは「階差機関（ディファレンス・エンジン）」という名の計算機の構想を発表しました。結局、バベッジの存命中に完成したのは、資金難からデモ用の試作マシンどまりでしたが、彼の設計図は、バベッジ生誕200年目にあたる一九九一年、ロンドンの科学博物館による「幻のコンピュータ」建造プロジェクトによって実現され、見事にバベッジの構想の正しさが証明されました。ちなみにサイバーパンク小説の巨匠ウイリアム・ギブスンとブルース・スターリングによる同名の作品は、このコンピュータ

表2－1　コンピュータ略年表1「古典的コンピュータ」

1822年	バベッジが第一階差機関の実験モデル作成
1936年	チューリング、万能計算機械論文発表
1946年	電子計算機「ENIAC」稼動
1947年	ノイマン、ノイマン型コンピュータを提案 ＊今日のコンピュータ設計の基本が確立される
1965年	米Intelの共同設立者ゴードン・ムーア「ムーアの法則」
1977年	RSA暗号の発明

がもし完成していたら……というアイデアに基づくものです。

さて、図2－1の上部に示した写真が、そのときロンドンの科学博物館によってつくられたマシンです。彼の計算機のハードウェアのうちCPUにあたる部分（エンジン）の大きさは、メートルサイズ。つまりバベッジの設計は、1メートル、2メートルというオーダーで表現されるような規模であったことがうかがえます。

そして第二次世界大戦を経て、特に戦後のアメリカでコンピュータは目覚ましい進化を遂げ、その後現在に至るまでたいへん順調に発展してきました。現在のコンピュータ技術とバベッジのコンピュータを、ここで一足飛びに比較してみましょう。

現在のCPUには主にシリコン技術が用いられており、半導体部品の製造に関連して使われる単位としてはマイクロメート

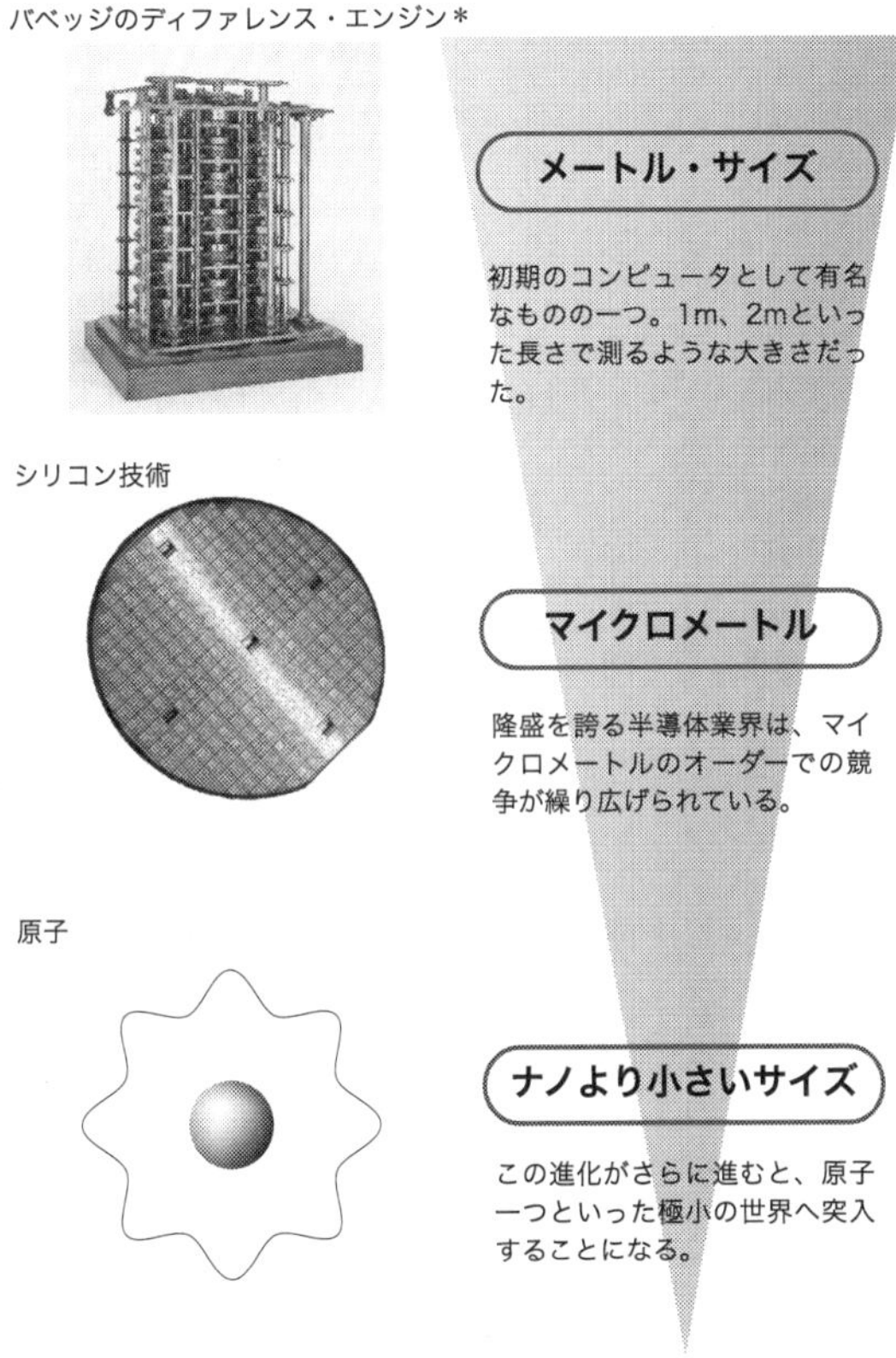
バベッジのディファレンス・エンジン＊
メートル・サイズ
初期のコンピュータとして有名なものの一つ。1m、2mといった長さで測るような大きさだった。
シリコン技術
マイクロメートル
隆盛を誇る半導体業界は、マイクロメートルのオーダーでの競争が繰り広げられている。
原子
ナノより小さいサイズ
この進化がさらに進むと、原子一つといった極小の世界へ突入することになる。

図2—1　より速く＝より小さく
ムーアの法則に従ってプロセッサが高速化するにつれ、コンポーネントはどんどん小さくなっていく。「より速く＝より小さく」がコンピュータの進化の方向だった。〈＊: The Science Museum (London)〉

ル、つまり千分の1ミリメートルのオーダーになってきています。ミリとはそもそも千分の1という意味ですから、バベッジのエンジンと比較して、10の6乗倍も小さくなっているという計算になります。

●ムーアの法則が予言したこと

このような発展について、米インテル社の共同設立者ゴードン・ムーア（Gordon E. Moore）は一九六五年、「半導体チップの集積度は、およそ2年ごとに約2倍になる」という有名な提言を行います。これが広く知られる「ムーアの法則」です。そして彼の予言通り、コンピュータの基礎技術である半導体は、現在までおおむねこの法則に則って進歩してきました。集積度とはICチップ上に搭載されたトランジスタや抵抗などの素子の数を指し、集積度と速度の向上はおおむね一致していることから「プロセッサの性能は2年ごとに約2倍になる」ともいわれています。まさに「より小さく＝より速く」という進化の原理をいち早く捉え、法則化したものといえるでしょう。

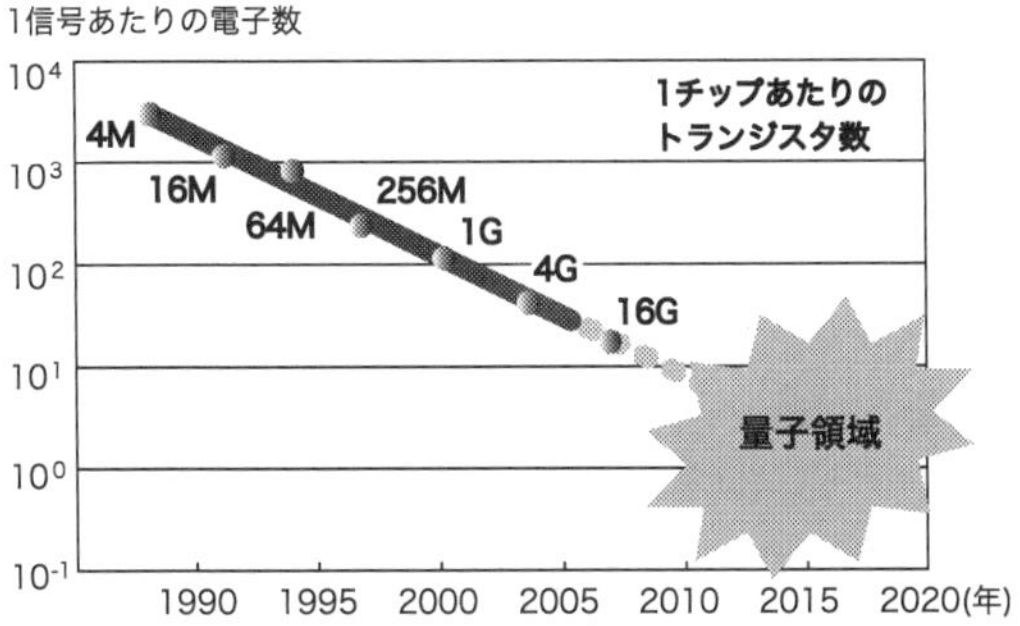

図2―2　ムーアの法則

2015年ごろには量子の領域に入ってしまう。

「ムーアの法則」のグラフを見ると、図の左端の一九九〇年代の始めごろには、チップあたりの速度が16メガバイト程度であったのが、右端の現在の値を見ると16ギガバイトと、ほぼ千倍ものスピードアップを達成していることがわかります。このように2年ごとに倍という進化は、私たちの印象に違わずたいへん迅速なものといえるでしょう。

そして高速化に伴い、CPUの中身もどんどん小さくなっています。この発展をどんどん続けていくと、このマイクロメートルのオーダーを超えて、より小さいナノの世界、さらにはナノよりも小さな世界へと突入していくことが予想されます。たとえば原子のサイズで情報処理のスイッチがつくれるといった極小の世界が、着実に近づいてきているのです。

またグラフの横軸は時間の流れ、縦軸の目盛りは一つの情報処理を担うのに必要な電子の数を示しています。現在のコンピュータはデジタル信号ですので、「0」と「1」を用いて情報を記述していきます。たとえば電子がなにもない状態を「0」とし、電子が100個ある状態を「1」として信号をつくる……といったふうにです。図2—2のように一九九〇年代の始めごろには、デジタル信号一つに10の4乗、つまり1万個の電子が使われていたのに対して、今のコンピュータは数十個の電子で「0」と「1」を区別し、情報を処理していきます。つまり、より少ない数の電子で、信号を処理できるようになってきているのです。このままどんどん進化を続けていけば、より速く、より小さくなるにつれて、電子の数もどんどん少なくなり、最終的には「0」と「1」の違いは電子一つで区別できるという領域に到達してしまいます。

ところがコンピュータが原子サイズや電子一つといったサイズにまで小さくなると、実は非常に困ったことが起こってくるのです。このようなミクロの世界では、私たちがふだん描いているような物質の原理が通用する世界、つまり古典的な世界が成り立たなくなるからです。古典的なルールに代わってミクロの世界を規定するのは、そう、量子的な世界のルールです。ムーアの法則によれば、その時期は――二〇一五年頃であると読みとることができます。

●厄介な性質そのものを活用するという発想の転換

現在のデジタルコンピュータの情報処理の基本単位である「0」「1」は、一般に電圧の高低によって区別されています。しかし改めてどうしてこれが可能なのかといえば、電圧をかければ電圧の高いほうから低いほうへ電流が流れるとか、粒子が壁に当たれば跳ね返るといった私たちの常識にも合致するニュートン以来の古典的な法則が、その背後で動作を保証してくれているからだといえます。物質の状態や運動などについての概念的なイメージのことを「描像」といいますが、これらはつまり〃古典的描像〃に従ってつくられているのです。

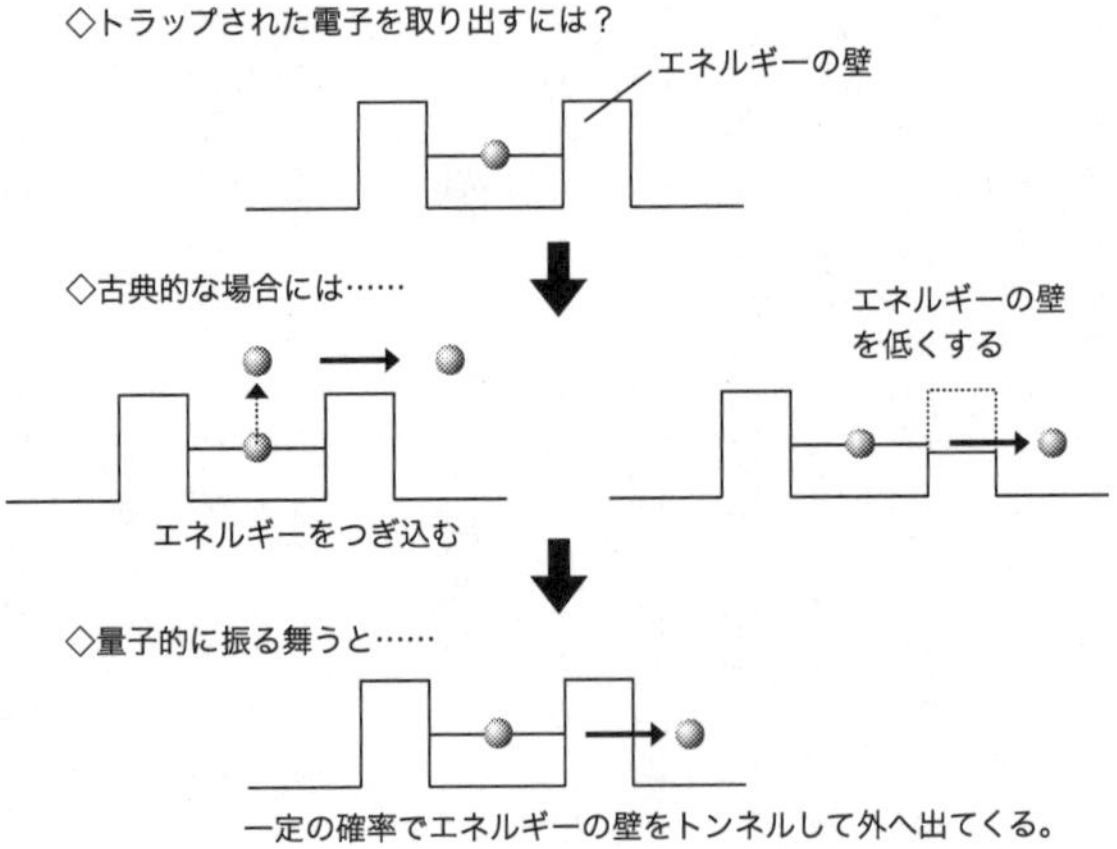
◇トラップされた電子を取り出すには？
エネルギーの壁
◇古典的な場合には……
エネルギーの壁
を低くする
エネルギーをつぎ込む
◇量子的に振る舞うと……
一定の確率でエネルギーの壁をトンネルして外へ出てくる。

図２―３　トンネル効果

ところが量子的な世界では、ある場所に捉えておいた電子が、いつの間にかその箱の中からいなくなるといった出来事は日常茶飯事です。その電子が「０」と「１」のデジタル信号の「１」を構成していれば、勝手に値が「０」に変わってしまうことになり、これはコンピュータという情報処理システムにとって由々しきエラーに他なりません。

このような不可解な量子的振る舞いの例として「トンネル効果」と呼ばれる現象が知られています。図２―３のように、古典的描像では、エネルギーの壁によって捉えられた電子は、電子に飛び超えられるだけのエネルギーを与えるか、または壁のほうのエネルギーを減らして低くするかしなければ、電子は外へ出ることができません。しかし量子的描像では、電子は1章で説明したように粒子であり波でもあることから、エネルギーの壁を通過して一定の確率で壁の外へ出てくることができます。

このような量子の振る舞いは、古典的なシステム、つまり現在のコンピュータにとって「量子ノイズ」として現れます。このような古典的には説明できない奇妙な現象は「量子効果」と呼ばれ、これまでもごく些細な部分では認められていました。しかしミクロな世界は量子的描像が成り立つ系であることから、コンピュータが今後いっそう高速化し小さくなるにつれ、量子ノイズはいよいよ無視できない大きさになってくると考えることができます。しかもこれは、たとえば熱雑音と呼ばれる現象のように、熱を下げればノイズが減るといった性質のものではなく、原理的に取り除くことができないノイズなのです。

そこで大きな発想の転換が必要になってきます。つまり、情報処理にとって不都合な

表2―2　コンピュータ略年表2「量子コンピュータの提案」

1985年	ドイチェ、量子計算を提案 ＊同じ頃、ファインマンも量子コンピュータの可能性を示唆
1992年	ドイチェ―ジョサのアルゴリズム
1994年	ショアの素因数分解アルゴリズムが発表される
1995年	シラク、イオントラップによる量子計算を提案
1996年	グローバーの探索アルゴリズムが発表される

量子を厄介者扱いするのではなく、不可解な性質そのものを活用してみたらどうだろうか――この逆転ともいえる発想が、量子コンピュータの出発点となるのです。

　これまで見てきたように、私たちが古典的な枠組みでいわば外側から眺めている限り、ノイズが混じってくるのは不可避であり、得ようとする像はぼやけてしまうだけです。量子を使いこなす可能性は、これまで私たちにとって理解し難いという理由で切り捨ててきた部分を対象の中心に据えることにより、いわば自分も量子的な世界のルールに則すことで、初めて生まれてきます。そして量子的な系に対して量子的な操作を行うというアプローチにより、量子のもつ高い自由度を活かし、そのパフォーマンス力を引き出せるという大きな可能性が拓けてきます。

●世界の注目を集めた素因数分解アルゴリズム

このような量子力学系を使ったコンピュータのアイデアや可能性については、実は一九八五年頃から、奇才で知られるドイチェ（D. Deutsch）や、ファインマン（R. P. Feynman 一九一八〜一九八八）らによって示唆されていました。

しかしコンピュータを構成しているのはハードウェアだけではなく、これに加えてソフトウェア、そして何らかのタスクについて解決方法を示すアルゴリズムといったものが不可欠です。現在に至る古典的コンピュータの発達過程においては、コンピュータで実現したいさまざまな情報処理があり、その要請に沿ってアルゴリズムやソフトウェアが開発されてきたといえるでしょう。またその過程の中で、コンピュータの動作の様子も人々にイメージしやすいものへと変化していったはずです。一方量子コンピュータにおいては、もし仮にそのような新しい原理のコンピュータができたとして、どのようにそのパワーが活かせるのか、具体的に何に使えるのかといった部分が、しばらく未開発に留まっていました。

一九九四年、量子コンピュータを土台としたショアの素因数分解アルゴリズムが発表されると、その衝撃は世界に走りました。というのも、現在インターネットで運用されているのは、一九七七年に開発されたRSA暗号と呼ばれる技術であり、この暗号鍵は、現在のコンピュータが大きい数の素因数分解を解くのが苦手なことを利用してセキュリティを実現しているからです。量子コンピュータが完成すれば、たちまち暗号が破られてしまうとの可能性が示されたことから、量子コンピュータへのアテンションが一気に高まりを見せ、未来型コンピュータの旗手との呼び声が高まったのです。そして現在では、このショアの素因数分解アルゴリズムの他にも、グローバーの探索アルゴリズムなどいくつかのアルゴリズムが有力視されています。

◇

また今日隆盛を誇る半導体技術は、前述のトンネル効果に代表されるような量子効果を主要な技術基盤の一つとしており、ごく部分的に見れば、量子的な現象はすでにコンピュータ技術の一端を支える段階に入っています。しかし量子コンピュータは量子系で大規模システムを組もうという試みであり、現在の半導体技術のような、量子的な性質を古典の側から活用する技術とは結びつかない、むしろまったく異なるものといえます。これが実際にいつ誕生するのか、どんなふうに使えるのか、といった問題はまだまだ未来に属する話なのです。

第三章

量子への扉を開くキー・コンセプト

——量子的な世界を記述する道具

●量子のワンダーランドへの入国手続き

第一章では量子力学の成立と発展によって、これまで量子についてどのようなことがわかってきたのかについて、そして続く第二章ではそのような量子がなぜ未来のコンピュータに貢献すると期待されているのか、量子という原理に由来するその理由について見てきました。これらの章では、量子という概念の発達や量子的な世界を構成している不思議な原理をご紹介することを通じて、そのような奇妙な世界があるということをいわば外側から述べてきたわけですが、本章ではいよいよ、量子的なルールによって成り立っている奇妙で不思議な世界へと入っていきたいと思います。

「量子的な世界へ入る」ということはつまり、これから先、私たちが常識的に了解できるような古典的な知識はもはや通用しないということを意味します。たとえていえばガリバーの小人の国へ上陸してしまったようなものですから、量子が織りなすこの世界を、思い切って〝量子のワンダーランド〟と呼ぶことにしましょう。周囲にあるものはみな量子的な状態にあり、量子的に振る舞っている、と考えてみてください。量子な振る舞いの例としては、たとえばすでに紹介した、捉えたはずの電子がいなくなり、コンピュータの中でノイズとして働くような「トンネル効果」がありましたが、量子たちはこのような不思議なルールに則って動き、暮らしているというわけです。となると、こちらも量子という相手を知るために何らかの手段、ちょうどアウトドアの旅で方位磁石が頼りになるように、私たちに手がかりを与えてくれる道具のようなものを、何か携えていく必要がありそうです。

そこで量子のワンダーランドを読み解くキーとして、本章では「量子ビット（キュービット qubit)」の「量子状態」というものを解説していきます。この「量子状態」は量子のワンダーランドを理解する糸口となるだけでなく、量子情報科学の基本ツールとして、量子ビットをコントロールしようという際にも大いに活躍します。

とはいえ、私たちの頭の中は依然としてニュートン力学であり、古典的コンピュータであって、すぐに量子的な考え方に慣れるのは難しいだろうことが予想されます。そこで本章では、簡単なウォーミングアップとして私の現実の研究生活について、その周辺のご紹介を交えながら、話を進めていきたいと思います。

●ブリスベン——私自身の量子への旅

私がこの世界、なかでも量子情報処理の研究を始めたのは、オーストラリアのブリスベンというところにあるクィーンズランド大学においてでした。その旅のはじまりにあたる成田発の飛行機は、途中ケアンズで大揺れに揺れ、たしか3時間ほど遅れてブリスベン国際空港に着いたのを憶えています。空港まで迎えにきてくれたのは、招聘者であるミルバーン教授——彼は量子の分野では世界的に有名な研究者の一人であり、日本でも学生の教科書としてよく知られている『量子光学』の共著者でもあります——でした。ところが彼は開口一番、大揺れの目に遭った私に「You're lucky.（ラッキーでしたね）」といったのです。後日、ケアンズではもともと悪天候によるフライトへの影響が出やすく、このため私が着いた日も後の便はすべてキャンセルになったことを知るに及び、やっとその謎は解けました。つまり「今日中に着けてラッキー」という意味だったらしいのですね。

さて私の初めての海外赴任はそのようにスタートしたわけですが、海外生活ではとかくこのような当惑や勘違いがあるものです。そして研究生活が本格的に始動すると、研究への取り組み、プロジェクトの進め方、大学というものの役割といった多くの点で、私が知っているものとはさまざまな違いがあることがわかってきました。しかしこういったことは実際に行ってみなければわからないため、準備のしようがないですし、仮に準備して行ったとしてもおよそ役には立たなかったでしょう。振り返ってみれば、自分が慣れ親しんだものとは違う習慣を理解するには、要するにある程度の時間というものが必要だったといえます。

しかし幸いだったのは、私は当時すでに、いわば〝量子を相手にするのにふさわしい態度〟を身に着けていた点です。その態度とは〝わからなくたって当たり前〟というくらいの、およそ簡単な心構えです。たとえばオーストラリアでの生活では、自分が気が利いていると思っている態度や、無意識に慣れ親しんでいる習慣を行使しても、ぜんぜんうまくいきません。なぜならここはオーストラリアであり、彼らの社会性のあり方とか習慣といったものは、自分の慣れ親しんでいるものとは違うからです。そこで「なぜ自分が知っている習慣が役に立たないんだろう」と問わないのが、ポイントです。どんなに自分が不利でも、〝わからなくたって当たり前〟、という心構えをキープするのです。

量子的な世界を理解しようという場合にも、これまで積み上げてきた古典的な技術やツールが役に立たないことも当たり前なら、すぐにはわからないことだって当たり前です。このような場合、役に立たないものに拘泥しても実際、意味がないわけです。あわててわかったつもりになる、たとえば丸暗記なんていうのもその悪い例の一つであって、これなどはまさしく古典の側から量子を見ようという態度に他なりません。

そんなものにこだわるより、新しいツールを駆使し、相手の反応を見ながらインタラクティブに過ごしたほうが楽しいに決まっています。それに量子のワンダーランドを旅する醍醐味は、おそらく、この不可解な世界をまるごと理解することにあるのではないでしょうか。ですからまずは物見遊山の気分で、この奇妙で不思議なワンダーランドを眺めてほしいのです。それに正直なところ、量子についてあなたがよくわからないと思う点は、現代の最先端の研究者でもわからない点とイコールな場合もないとはいえません。どうぞ〝わからなくたって当たり前〟の心構えで、楽しくツアーを続けてください。

●量子的な世界を記述する、量子状態というツール

さて量子的な世界を理解するためには、まず量子ビットの一般的な状態というものを考えます。これによって私たちは、1量子ビットがもつ豊富さとはどのようなものなのか、量子状態と測定はどのような関係にあるのか、量子ビットに対してどんな操作が可能かといったことを把握することができます。ではさっそくこの「量子状態」を、古典的な場合と比較しながら少し詳しく見ていくことにしましょう。

まず古典的な場合です。１ビットの情報を担う古典的な状態とはいわゆるデジタル信号であり、図３―１ａのように「０」と「１」という二つの値のどちらであるかが明白に区別される状態を指します。二つの値にはそれぞれ対応する物理的な状態があり、これを観測してたとえば電子がない状態を「０」、１００個あれば「１」というふうに決めておきます。デジタル信号ではたとえば１０１とか99でも１００とみなされるしくみであるため、そのわずかな違いが意味をもつアナログと違って、原理的にエラーに強い方式になっています。したがって古典的な状態では、必ず「０」「１」のどちらかの値になっている必要があり、それ以外というものはありません。なおこの例で情報を担っている物理的な系は、電子のある／ないですが、他にも明確に区別できるものであれば、たとえば右に回転している／左に回転しているというようなものでも構いません。

一方量子的な世界で、古典的なビットに代わるものが「量子ビット」です。量子ビットも古典的なビットと同じように、まず何らかの物理量を測定した時に「０」「１」のいずれかに明白に対応させることができる、１ビットの情報が担えるようにしておかな

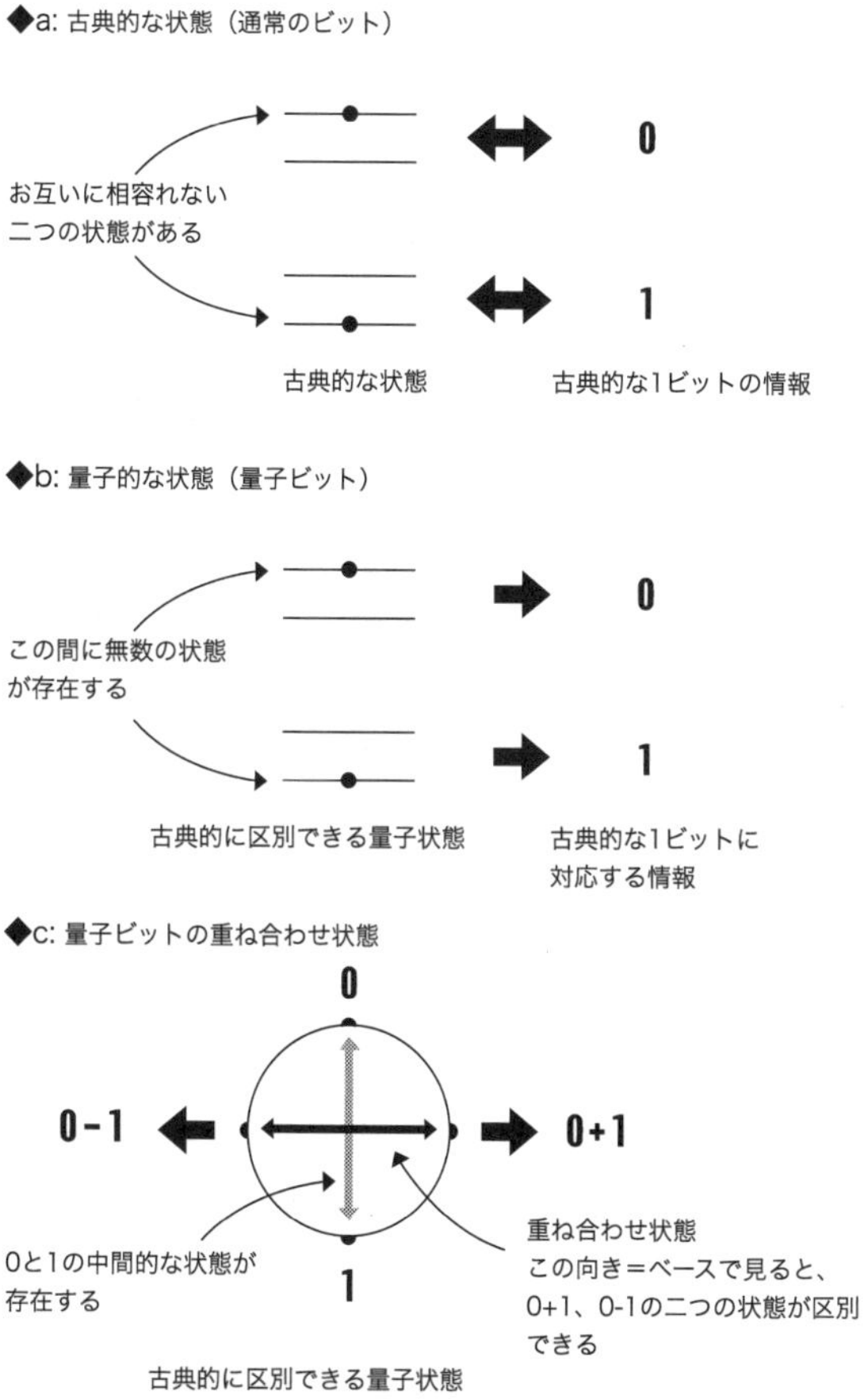

図３—１　古典的ビットと量子ビット
「０」か「１」の必ずいずれかであるのが、古典的な１ビットすなわちデジタル信号の特徴だ。量子ビットの場合は、「０」と「１」が幾分かずつ重ね合わさった状態にある。

ければなりません。ただし量子的な世界は、たとえば電子が100個とか101個あれば「1」というような大まかなものではなく、電子一つをいかにコントロールするかというような精密な世界である点で、古典の場合とは大きく異なります。

さて1ビットの情報を担うという点で、ここまでは、量子ビットも古典的な場合と同じです。ところが量子的な状態では、この一つの量子ビットにおける「0」と「1」の間に連続した無数の状態が存在し、そのうちどの状態でもとり得る点がたいへん大きな特徴となっています。

図3―1bを見てください。量子ビットでは、まず古典ビットと同様に基本的な向き＝ベースで測ることのできる「0」と「1」があります。これを「基底ベクトル」と呼び、図では縦方向に描かれています。続いて図の横方向にも、物理的に区別できる二つの値があります。こちらは、基底ベクトルを基準にして、一般に「0－1」「0＋1」と書きます（図3―1c）。

この表現が何を意味しているかというと、古典的な1ビットでは「0」または「1」

のいずれかの場合しかなかったのですが、量子ビットの場合は、古典的な1ビットの中にいわば広い空間があり、基底ベクトルの「1」の成分がどれだけ入っているか、「0」の成分がどれだけ入っているかで、その状態を表しているのです。そして量子状態は、今基底ベクトルで見た縦方向の「0」「1」だけでなく、この軸を縦にも横にもどの方向にもとることができ、とり得る状態は円を描いたかたちに広がりをもって存在しています。さらにこの円は実際には3次元、つまりいま見えている裏側や手前にも突き出た部分があって、1量子ビットがとり得る値は2次元に広がる球面上のすべての点に、つまり複素数として広がっていると考えられています。

したがって量子状態では、ある方向で測定すれば「0」「1」で区別される状態が得られるけれども、測る前は〝0でも1でもある状態〟、つまり「0」と「1」が幾分かずつ重ね合わさった状態にあることになります。これを「重ね合わせ状態」と呼び、量子にたいへん特徴的な性質の一つです。

●「重ね合わせ状態」で味の広がりを表現する

では今度は味覚を表す概念を使って、1量子ビットの基本状態を読み解いていきましょう。私たちの味覚は一般に複雑な味を感知できるため、たとえば単に「あまい」だけ「からい」だけではなく、「あま辛い」とか「あまさの中にも辛みが利いている」といったように、味の表現もたいへん豊富です。

そこで量子ビットの一つの向きをまず「あまい」と「からい」を例にとって、この二つの値で考えてみましょう。するともう一つの向きは「あまい−（マイナス）からい」「あまい＋（プラス）からい」となります。このようにして1量子ビットは球状に広がる味覚の世界を表現していると考えてみましょう。これに対して、もしこれが古典的な1ビットなら、100％「あまい」か100％「からい」という二つの味しか存在しないことになります。

さて、この「あまい−からい」と「あまい＋からい」という二つの状態をよく考えて

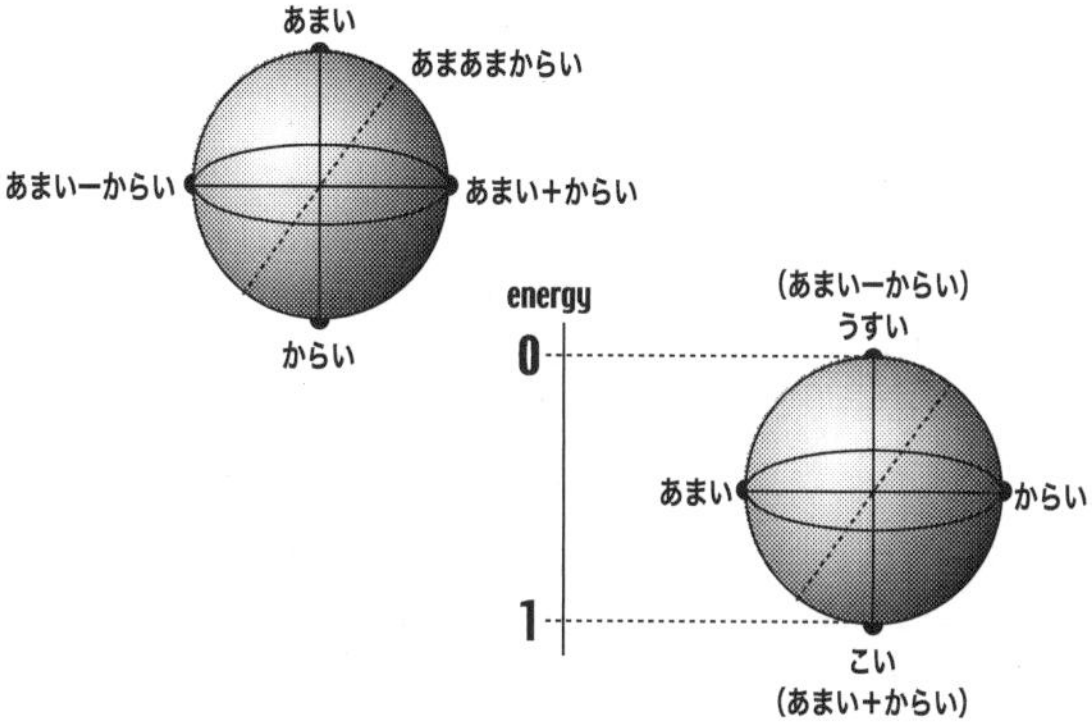

図3—2　味覚で考える量子ビット

重ね合わせ状態という特徴をもつ量子ビットは「あまい／からい」だけでなく、もう一つの向き＝ベースである「うすい／こい」によって測定することもできる。右は、左の量子ビットを回転させたもの。

みると、前者は引き算になっていますからどうも「うすい」味、一方後者は足し算になっていますからどうも「こい」味であると考えることができます。したがってこの方向を「うすい」「こい」に書き直して、改めて「あまい／からい」「うすい／こい」の2組の測定方向を決めることにしましょう。

さて、量子状態においては一般に、基底ベクトルに対応する物理量として、主にエネルギーが用いられます。すると先ほどの「うすい／こい」はいってみれば味の強弱ですから、こちらのほうをエネルギーを測る基底ベクトルだと考えたほうが概念本来の性質にフィットします。また基底ベクトルに対して、もう一つの横方向のベースは一般に「位相」を表し、この場合は「あまい／からい」のほうがぴったりです。そこで改めて「うすい／こい」を基底ベクトル、もう一方の「あまい／からい」を位相を示すベクトルだという考えることにしましょう。1量子ビットの味の世界は、「うすい／こい」または「あまい／からい」の重ね合わせ状態である……というイメージを描いていただけたでしょうか。

私たちの味覚の世界が多様であるように、この量子ビットもその状態は球面上に広がっており、その多様さは古典的な1ビットとは対照的です。ではこの量子ビットをいざ「味わう」としたら、どのようなことが起こるのでしょうか？　まず「味わう」という行為は、ちょうど量子状態の「測定」に相当すると考えられます。そして実はこの量子状態の測定の中にも、量子ならではの事情が潜んでいるのです。

前述のように、測定とは状態を古典的に区別し、それによって私たちがわかるようにしようという行為であり、量子状態を測定するにはまず測定する向き＝ベースを選ぶのでした。〝味の測定〟の場合、選んだベースが「あまい／からい」ならば、「あまい」またはは「からい」いずれか1ビットの値が返ってきます。すると測定前は、球面上に広がるどの状態でもとることができる豊富な味の世界が広がっていたのに、測定を行うと途端に、得られた測定結果に従って「あまい」か「からい」かいずれかに状態に決まってしまう、ということが起こるのです。もちろん、最初に選んだベースが「こい／うすい」であっても同様です。

結果として、まるで浦島太郎のおとぎ話に出てくる開けてはいけない玉手箱のように、量子状態もひとたび見てしまえばその豊富さは失われてしまい、元には戻りません。このことから、後で出てくるように量子を操作したり相互作用させたりする場合にも、せっかくの量子的な性質を活かすには不用意な測定はなるべく避けなければならず、そのプロセスは、いわばブラックボックスの中で進行させなければならないのです。

●〝わからなくたって当たり前〟な、旅の続き

ブラックボックスが出てきたところで、ふたたび話をクィーンズランドへと戻しましょう。またしばらく私たち量子の研究者の話におつきあいください。

さて研究員としてクィーンズランド大学での研究に参加した私はほどなく、実に些細なことなのですが、ここではどうも研究室のドアは開けっ放しにしておくのが習慣らしい……ということに気づき始めました。というのも日本ではおよそ閉めてあるのがふつうなので、私には「ヘンだなあ」と思われるのですが、とにかくわかっているのは「クイーンズランド大学の研究室のドアはいつも開いている」という事実なわけです。

こんな場合の対処方法として、一つには日本の習慣という軸に照らしてオーストラリアはこのように違う、と考えることもできます。たとえばドアの開閉の状況を、研究室はプライベートな空間か、あるいはパブリックな空間かという指標と関連づけて整理してはどうだろう……というように考えを発展させてもいいでしょう。この方法は私たち

にはなかなか説得力があるのですが、ブリスベンに集って研究を続けている物理学者たちに対して、いわば外側からものさしを当てていくやり方なため、指標そのものが適切と思えるかどうかは別問題になります。またこのやり方では、習慣の違いを見いだすたびにいちいち自前のものさしを用意しなければならず、しかも多くの事象を取り扱うにはルールが複雑すぎる結果になるのも欠点です。したがって新しい出来事に遭遇した際、応用力を欠くことになるのは、いかんともしがたいでしょう。

そこで〝わからなくたって当たり前〟という例の態度を一歩進め、〝量子向き〟の対処方法というものを考えてみましょう。この方法ではまず、彼らはある場合に必ずある質問をする、ある行動をとる、ある受け答えをするという、私にとっては謎でもある観測結果に注目します。この時、例によってなぜ自分がわからないか、その理由を問わないのがコツです。もちろん彼らに質問すれば答えが得られる可能性はあるのですが、自分自身の生活習慣を振り返っても、習慣的な行動はあまり意識的に行ってはいないため、とりあえず思いついた答えに過ぎないケースも多いからです。

そこで私は、このようなとりあえずの答えにも近づかないことにします。その代わりに、さまざまな観測結果を通じて、その背後にある彼らにとって快適だったり、自然だと感じる〝状態〟そのものを再構築しようと試みるのです。

念のために付け加えておくと、彼らの最も一般的な態度や心の状態を理解しようという試みは、〝彼らのようになろう〟というのとはもちろん違います。彼らを理解することと、自分自身がどう行動したいかは別問題であるからです。

さてこの方法は、自分が慣れ親しんでいる考え方や常識と隔たりの大きい相手であればあるほど、有効性を発揮することができます。そしていったん彼らのごく一般的な心の〝状態〟が再構築できれば、個々の観測結果は自明に導くことができるため、大いに応用力を引き出せるのが利点です。つまり彼らが事態を受け止める機構そのものがわかっていますから、仮に何も表明していなくても、彼らの〝心の状態〟のおよそのところをつかむことができます。実際、言語の違いによるコミュニケーションのトラブルも、そもそもは発話以前のこの〝心の状態〟の誤読が元になっていることが多いように思われます。再構築には多少時間がかかるのが難点ではありますが、理解の内容を鑑みれば結局のところ早道になるのではないでしょうか。

そして古典物理学という常識から、手探りでまったく新しい量子という概念を拓いていった二〇世紀の物理学者たちも、実はこれとそっくりなアプローチを採用していたのではないか、と考えてみてください——量子の振る舞いはとかく不可思議ですが、「聞いてみたら、ある答えが得られた」という〝測定値〟ぐらいは得ることができます。「ヘンだなあ」という感じはずっとつきまとうと思いますが、あまり気にしないことにしましょう。私たちには「ヘン」でも量子的な世界ではそれがふつうであり、みんながそのように行動できる以上、その背後にはきっと量子の個々の振る舞いを規定するシンプルなルールがあるはずなのです——。

第一章で見てきたように量子という概念の発達史は、それまでの考え方では説明できない謎の観測結果を、まったく新しい原理を用いて説明に成功した、というストーリーの宝庫でした。これらのエピソードは、なにも量子に限らず、私たちが新しい現象に出会ったときに効果を発揮するアプローチを示してもいるのです。

●〈東西南北〉で量子ビットを測定する

では本題に戻って、今度は1量子ビットの量子状態を測定するとどのような結果が得られ、またその測定結果からどのようなことがわかるのかについて、古典的な1ビットと比較しながら見ていきましょう。

1量子ビットを測定するには、図3―3のようにまず基底ベクトルに測定の向き＝ベースを採り、「0」「1」を区別する測定器を置きます。わかりやすくするために、この縦方向の0を「北（North）」、1を「南（South）」と書き、その測定器を〈NS〉としましょう。続いて、量子の重ね合わせ状態という特徴を活かすために、基底ベクトルとは別の向き＝ベースも用意します。そこで横方向に測定の向き＝ベースを採り「0－1」を「西（West）」、「0＋1」を「東（East）」と書き、それを区別できる測定器を〈EW〉としましょう。なおこれらは便宜的な名前であって、方角としての東西南北

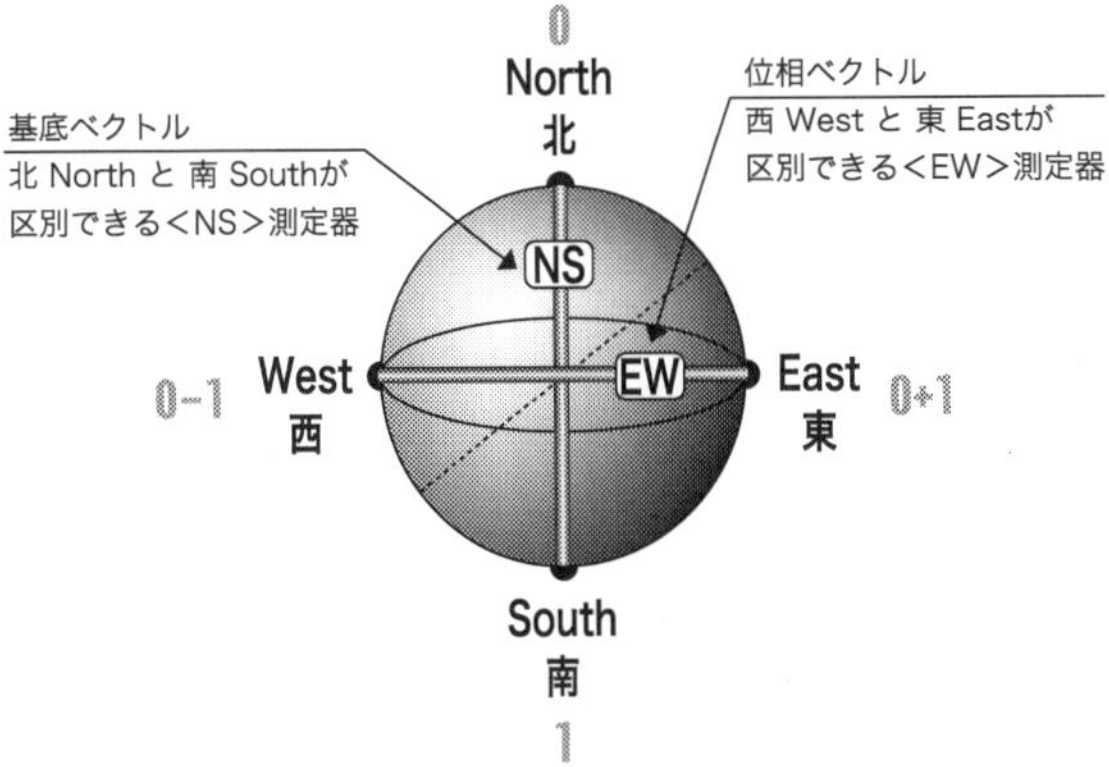

図３—３　量子状態を測定する

量子状態（東／西、南／北）と測定の向き＝ベース（NS・EW）がマッチしている場合は、元の量子状態に合った値が得られる。

とは無関係であることをご了解ください。

測定器〈NS〉で測ると、NまたはSという結果が出ます。測定器〈EW〉で測ると、EまたはWという結果が出ます。そこでまず測定器〈NS〉で測った場合について考えると、量子状態が「北」か「南」である場合は、それぞれの状態を反映した結果となり、問題はありません。ところがこの測定器は、どんな場合でも「北」か「南」という結果しか出さないわけですから、「東」や「西」の場合には測定そのものが量子状態にそぐわないことになります。同様に測定器〈EW〉は、量子状態が

「南」や「北」の場合に、量子状態と測定がマッチしません。このように量子状態と測定の向き＝ベースが合っていないときは、測定がミスマッチしているケースということになります。

そこでまず量子状態と測定の向きがマッチしている場合について、具体的に整理していきましょう。

◆量子状態と測定がマッチしている場合

↓

元の量子状態に合った値が得られる

量子状態＝東　↓　〈EW〉測定器　↓　「東」が得られる

量子状態＝西　↓　〈EW〉測定器　↓　「西」が得られる

量子状態＝南　↓　〈NS〉測定器　↓　「南」が得られる

量子状態＝北　↓　〈NS〉測定器　↓　「北」が得られる

次に、量子状態と測定とがミスマッチな場合です。たとえば量子状態が「東」なのに〈NS〉測定器で測定した場合、量子状態は「南」でも「北」でもありませんから、「南」と出る確率と「北」と出る確率は二つに一つ、それぞれ50%となります。それぞれについてまとめると、次のようになります。

◆量子状態と測定がミスマッチしている場合
　↓
　元の量子状態とは全然異なる値が確率的に得られる

量子状態＝東　↓　〈NS〉測定器　↓　「南」50%「北」50%
量子状態＝西　↓　〈NS〉測定器　↓　「南」50%「北」50%
量子状態＝南　↓　〈EW〉測定器　↓　「東」50%「西」50%
量子状態＝北　↓　〈EW〉測定器　↓　「東」50%「西」50%

●コイントスで勝つ確率と、量子的な確率

ところがこの量子状態の測定に関連して、ここで一つ、困ったことが出てくるのです。百円玉を投げて手のひらに受け、表か裏かを当てる「コイントス」というゲームをご存知でしょうか。二つに一つの確率で勝敗を分けるシンプルな賭け事ですが、ちょうどこのコイントスのような確率的な状態にあるものを「古典的な混合状態」といいます。

古典的な混合状態の例は、2本の線でどちらかを選んで引き当てる「あみだくじ」、宝くじやお年玉くじのように他にもいろいろ挙げることができます。参加する人にはどれが「勝ち」や「当選」かは知らされておらず、または抽選そのものは後から行われることになっている場合でもどれであるかは決まっている、または決まることになっているのが特徴です。

そして量子的な世界においてもその系が「混合状態」にある場合があり、困ったこと

に、これと量子状態と測定がミスマッチした場合とを、観測結果によって区別することができないのです。完全に混合した状態とは、二つある値がそれぞれ50％の確率で得られる状態だといえます。したがって測定結果を見れば、仮に何度も測定を行ったところで、先ほどのミスマッチした測定とまったく同じであり、これでは科学として何もわからないことになってしまうため〝困る〟というわけなのです。

この問題は、もう一度同じ量子状態を用意し、量子に特徴的な「重ね合わせ状態」という性質を活用して、別の向き＝ベースを採用して測定を行うことによって解決することができます。さきほどの東西南北の例でいえば、もう一度量子状態が「東」の1量子ビットを用意して、今度は〈EW〉測定器で測ってみるわけです。まとめると次のようになります。

◆最初の測定

量子状態＝東

←

〈NS〉測定器

←

「南」50%「北」50%

←

量子状態でミスマッチの測定か、混合状態か不明

◆もう一つの測定

量子状態＝東

←

〈EW〉測定器

← 「東」100%　または

← 「東」50%「西」50%

混合状態 ←

このように量子状態と測定器がマッチした測定では１００％の確率で「東」という答えが得られ、それぞれ50％の確率で「東」または「西」で値を返す「混合状態」と区別することができます。ただしこの場合も１回測定しただけでは、それが１００％の「東」か50％の「東」か区別することはできませんから、たくさんの量子状態を用意して測定を行う必要があるのはもちろんです。

●測定によって、私たちが量子状態について知り得ること

量子的・古典的に拘わらず一般に、物質の状態は測定しなければそれを知ることはできません。古典的な状態の場合には「見ればわかる」といった状況も考えられますが、それこそまさしく〝肉眼で〟測定しているに他ならないのです。ではこれまでの考察のま

とめとして、量子状態の測定には古典の場合と比較してどのような特徴があるのか見ておきましょう。

量子状態の測定で特徴的なのは、測定を行ったことによって、量子状態が測定結果に対応した状態へと変化してしまう点です。したがって量子を測定することによって私たちが知り得るのは〝測定後の状態〟であり、皮肉なことに当の測定によって、測定前の量子状態は永遠に失われてしまいます。

また一般に確率とは、1回測っただけではそれが100％の確率で出た値なのか、確率は1％なのにたまたま出た値なのかを知ることはできません。これは量子的な世界でも同様であり、たとえば〈EW〉測定器で測って「東」という結果が得られたとしても、それが100％の確率の「東」か、50％の「東」かを区別することはできないのです。したがって1回の測定では、量子状態と測定がマッチしているかミスマッチしているかどうかもわかりません。測定によってわかることは、実はその量子状態は測定前、「東」の要素がゼロではない重ね合わせ状態にあったという、ほとんど当たり前な情報に過ぎないのです。このように量子状態では、1回だけ測定してもほとんど何もわからないという点が、もう一つの大きな特徴になっています。

1回ではわからなくても、同じ量子状態をたくさん用意して測定すれば、この問題は解消されます。ところが測定と量子状態とがミスマッチしている場合には、依然として「混合状態」と区別できないという問題が残ってしまうのでした。そこですでに見た通り、同じ量子状態を用意してもう一つの向きで測定します。これが切り札となって、やっと量子状態を決定することができるのです。

量子状態を知ろうという場合、一口に〝測定〟といっても、ベースの異なる複数の測定をそれぞれたくさん行うことによってその状態を知ることができるという点が、古典の場合とは異なる特徴であるとまとめることができるでしょう。

●重ね合わせ状態をイメージするには……

さてこれで、1量子ビットの量子状態についての説明はひとまずおしまいです。他の国の生活習慣が相手なら、慣れてしまえばどうということもないケースも多いものですが、まずは量子的な世界の雰囲気を感じていただけたでしょうか。

この量子的な世界独特の雰囲気は、そもそも量子ビットが「重ね合わせ状態」にある以上、どうしても不可解であることを免れません。「0でもあり1でもある」と聞いてもあまりピンと来ないかもしれませんが、これはたとえば今叩いているキーボードが「ある（＝1）」と同時に「ない（＝0）」とか、子供たちが回したコマが「右向き回転（＝1）」していると同時に「左向き回転（＝0）」しているといった「状態」を意味します。このようなものは実際、ふだんの生活の中で、おそらく今まで誰も目にしたことがない状態ですから、具体的なイメージとして思い描くのはたいへん困難なのです。

第一章で見てきたように、量子の概念の根本にあるのは、波でもあり、粒子でもあるという状態でした。その考えが正しいということは確認されたものの、では実際にどういう状態であるかというと、現代の物理学者であってもなかなかイメージし難いものだったことを思いだしてみてください。量子ビットの量子状態もこれと同様に、私たちの常識にとっては相反する二つの状態を兼ね備えているため、イメージするのが困難なのだといえるでしょう。

よく講演などでも、量子について語るならばまず量子とは何か、手短に示してもらいたいというご意見をいただくことがあります。ところが量子はまず概念であり、しかもそれを一般的な概念図に描いてお見せしましょうという具合にもいかないのは、このような事情から来ているのです。その代わり、多少時間をかけてでも量子の状態をいったん理解してしまえば、測定結果の意味するところを正確に引き出すことができ、またこれから量子を操作していこうという際にも応用が利きます。

さて次章では、このような量子の不可思議な振る舞いにいっそう親しんでいただけるよう、イメージの手助けとなるような材料をご覧いただこうと思います。厳密にいうと、私たちが見ることによって何らかの測定が行われ、量子的な世界は測定結果に応じて変化してしまうと考えられるわけですが、その点については測定前・測定・測定後を含めてフィクションとしてご覧いただきたいと思います。ブラックボックスの中の量子は、どのように空間を占め、どのように過ごしているのでしょうか——では、いよいよ量子のワンダーランドならではの不思議な世界を、イメージ的に体験していきましょう。

第四章

量子のワンダーランドへ

——だまし絵からのメッセージ

●ドアから〝染み出す〟人影、量子のミステリー

私たちは前章から、いよいよ量子的な世界の内側、つまり概念的にしか見ることのできない原理の世界へと進んできました。ではその世界では具体的にどのような現象が見られるのか、本章では、量子のワンダーランドをいわばスケッチ風にご紹介していこうと思います。私たちにとってリアリティのある身近な風景が、もし量子的な世界だったとしたら……と仮定して〝量子版に吹き替えた〟イメージや、量子に特徴的な性質をうまく表現している「だまし絵」などを採り上げて、量子の振る舞いがいかに不可思議で、私たちの常識とは隔たったルールに基づいているかを実感していただければと思います。

しかし量子のワンダーランドで起こっていることは、例によってかなり非常識です。そこでウォーミングアップとして、まず簡単な問題から始めてみることにしましょう。

◆問題：
ここに4メートルの高さをもつ障害物があります。古典的な世界では、物体がこの障害物を越えるためには、4メートル以上ジャンプできるエネルギーが必要になります。

では、ここが量子的な世界であるとしましょう。そこへ、3メートルジャンプできるエネルギーをもった物体が現れました。さてこの物体は、4メートルの高さをもつこの障害物を飛び越えることができるでしょうか？

◆解答：YES

——あろうことか、答えはYESなのです。より正確に言えば「飛び越えることもある」となりますが、いずれにしても量子的な世界では、それが起こるのです。なぜなら「そんなことは起こらない」と私たちが思うのは「3メートルジャンプできるエネルギーでは、4メートルの障害物は越えられない」という古典的な世界のルールに基づいているからであり、端的にいってそれは量子的な世界では通用しないからです。

第一章で見てきたように、量子的な世界では物質は、非常に広い範囲のどこに現れるかわからない状態で、〝確率的に存在〟していました。このことからさきほどの物体は、古典の場合なら厳然たる障害物が立ちはだかっていても、透明人間か何かのように障害物の壁を通過するであろうと考えられています。したがって、このようにして物質が障害物の反対側へ現れたとしても、量子的な世界のルールでは何らおかしなところはなく、むしろありふれた現象なのです。

●量子論とは、世界はあまねく「量子的！」という主張

さてウォーミングアップ問題はいかがでしたか――いや、そんなことは現実にはあり得ない、と思った方もいらっしゃるのではないでしょうか。もちろん、このような量子の奇妙な振る舞いが認められているのは、第一章の終わりの「シュレーディンガーの猫」のところで見た通り、量子的な世界つまり「量子コヒーレンス」が保たれている場

合だけです。そして現在のところ「量子コヒーレンス」が保たれているのは、主にミクロの世界においてと限られています。ですからマクロな物や、ましてや猫とか人間といった生命体に対しては適用できないことになり、したがって確かに私たちは、ふだんこのような風景を目にすることはありません。

しかし量子論の基本的な考え方は、すべての物質は量子から成っており、あまねく物質は量子的に振る舞い、量子的な原理によって記述できるというものです。マクロなものも煎じ詰めればミクロなものからできているわけですし、「古典的」ルールが適用されるマクロ、「量子的」ルールが適用されるミクロというように適用範囲の違いによって住み分けられているわけでもありません。ちなみに近年においては実際に、超伝導素子などを使ってマイクロメートルで記述できる大きさまで、量子状態がコントロールできるようになってきています。つまり、量子的な世界は、現在のところ主にミクロの世界においてしか見いだされていないけれども、もちろんそれだけとは限らないというわけなのです。

もう少し例を挙げてみましょう。私たちはジェットコースターに乗る時、ジェットコースターは終点にあたる乗降地点を通り過ぎて、空中へ飛び出していってしまうかもしれないぞ……とは考えません。なぜなら、乗り物は上り坂を登ってはくるけれども飛び越えない範囲の速さで進んでくるように計算されているはずだからです。一方の量子的な世界のジェットコースターは、もちろん飛び出さないこともありますが、いつ飛び出してしまうかわかったものではないという状態にあります（これでは実際、量子ジェットコースターに乗ろうという人はいそうもありません）。

それればかりではありません。量子的な世界におけるカブトムシは、虫かごにいれてしっかりふたを閉めておいたにもかかわらずその外へ、じわっと〃染み出る〃ことができます。さて今度は、1台の自動車が時速20キロメートルで走ってきました。進行方向には厚さ5メートルの壁が立ちはだかっています。ところがこの量子的な世界における自動車は、例によってこの壁を〃すり抜け〃て、壁の反対側にじわりと染み出てくることができます。

これらはすべて、実は、すでにご紹介したある現象をイメージ化したものです――そう、情報処理において、箱の中に捉えられていた一つの電子がいつの間にかいなくなってしまう「トンネル効果」で起こっていることは、こうした現象だったのです。

●〈量子的オフィス〉で量子コンピュータをイメージする

さて次にご紹介するイメージは、とあるオフィスの内部です。図4―1を見てください。改めて写真に撮って眺めてみると、オフィスという室内空間はあたかも箱のようですね。箱の中には女性が一人入っています。そこでもしこの空間が量子的な原理が働く場であったら……と考え、ここを〈量子的オフィス〉だと仮定してみましょう。

すると図4―1のように、彼女はオフィス内のあらゆるところに出現することができます。彼女は二つ以上の位置に同時に存在することができ、たとえば文献に目を通したり、メールチェックして返事を書いたり、本を整理したり、アイデアをホワイトボードに書いてみたり……といくつもの仕事を同時に処理していきます。ふつうの――つまり古典的——オフィスでは、やらなければならない仕事のうちどれか一つを選んだら、一般に他のことはできないのとは対照的に、〈量子的オフィス〉では、複数の仕事を並行して行うことができるのです。

またこれらの仕事はばらばらに行われているわけではなく、すべての作業が一つの目的＝答えへ向かって進められているのも大きな特徴です。答えは数式を解いて求めた解でもいいですし、意志決定のようなもっと複雑なタスクも処理することができます。そこで一例として、この一連のプロセスで、彼女は書きかけの本の第四章のアイデアを出しているところだとしましょう。すると〈量子的オフィス〉では、この目的に照準を合わせ、並行処理による段違いの速さでこの仕事を片づけることができるというわけです。

ところがこの素晴らしいオフィスにも弱点があります。たとえば電話がかかってきたり、誰かがドアをノックしたり、少しでも何らかの介入を受けると、この進行していたプロセスがあっという間に崩れてしまうのです。途中経過報告もなければ、作業再開も

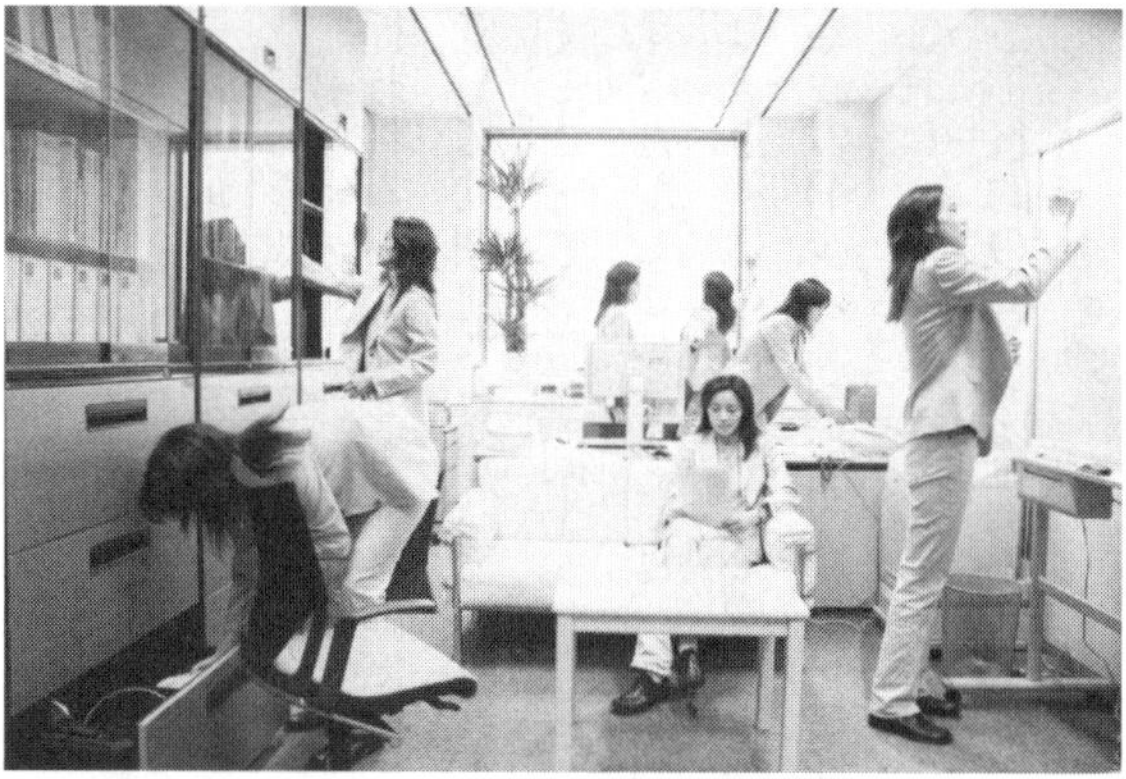

図4―1　〈量子的オフィス〉で量子コンピュータをイメージする
あなたのオフィスが、もし〝量子的〟だったら？――量子コンピュータに特徴的な「並行処理」をイメージすると、ちょうどこんなふうになるかもしれない。図の中の彼女は文献に目を通したり、メールチェックして返事を書いたり、本を整理したり、アイデアをホワイトボードに書いてみたり……といくつもの仕事を同時に処理していく。

ありません。目的を達成するには、もう一度最初からやり直すしかなくなってしまいます。量子的な世界が保たれていることを「量子コヒーレンス」が保たれた状態であるといいましたが、量子的な世界は、誰かに介入・観察されたり、また何らかの測定が行われたりすると、すぐにデコヒーレンスしてしまう壊れやすい系なのです。

ですからこの〈量子的オフィス〉を大いに活用するには、中で行われていることはブラックボックスだと思って、なるべくそっとしておくのが肝要だといえます。そうすればきわめてスピーディに作業が処理されていくはずです。そして最後の最後で測定を行うことによって、目的の答えを引き出すのです。

現在構想されている量子コンピュータにおいても、情報処理は概ねこのような手順で行われるべきだと考えられています。簡単に紹介すると、まず量子ビットをたくさん用意して初期化された状態に置き、量子系を乱さないようにしながらうまくコントロールすることで、量子同士が行うさまざまな相互作用のプロセスを同時進行させていきます。ただしこのままでは、多数の答えが並行して存在することになってしまうので、ちょうど複数の波がお互いを打ち消したり、強め合ったりして一つの波へと淘汰されていく波の干渉のように、量子的な世界に見られる「量子干渉」という現象を活用します。これによってたくさんあった可能性を「正解」へと集め、最後の最後に測定を行うことで、目的の答えを得るのです。

●〈だまし絵〉で重ね合わせ状態をイメージする

今度は「だまし絵」として知られる、女性の顔を描いた1枚の絵をご覧いただきましょう。

図4―2を見てください。女性の顔が描かれているのですが、どんな女性に見えますか？　まず一つの見え方は、絵の中央の絵柄を耳、あごのライン、ネックレス、というふうに捉えた場合で、すると若い女性が見えてきます。一方、これを耳ではなくて目、鼻、口というふうに見てください。と、たちまち老婆の顔に見えて来るではありませんか！

また見方によって、まず老婆として認識し、後から若い女性としても見ることもできたという方もいらっしゃると思います。いずれにしても同じ一枚の絵が、「若い女性（＝0）」であり、「老婆（＝1）」でもある状態であることから、このだまし絵は顔の「重ね合わせ状態」になっている――と読むことができます。

図4—2　〈だまし絵〉で重ね合わせ状態をイメージする

老婆か若い女性か？——この有名なだまし絵は、量子の「重ね合わせ状態」をうまく体現している。黒い髪の毛の下を耳、あご、ネックレス……と見ていくと若い女性に、目、鼻、口……と見ていくと老婆に見える。私たちの目が、どちらだろうと「測定」するまではどちらでもない、顔の「重ね合わせ」状態になっていると考えることができるのだ。

「だまし絵」と呼ばれているように、この絵は私たちにとって、どこか不思議です。それは若い女性と老婆のどちらにも見える可能性があること、つまり「重ね合わせ状態」であることと関係があるといえそうです。「どんな女性に見えますか？」と聞かれた私たちは、この絵を「若い女性（＝0）」または「老婆（＝1）」のどちらに見えるかという向き＝ベースで測定します。するとそのとたん、絵は測定された状態へと変わってしまい、測定前の重ね合わせ状態は失われてしまうのです。

面白いことに、そのようにしていったん測定してしまうと、今度はもう１００％——少なくともしばらくは——その絵柄にしか見えなくなってしまうという点も、量子状態にそっくりです。量子ビットを測定すると、量子状態はやはり測定結果に応じた状態へと変化してしまい、測定前の状態へは戻らないからです。

このようにだまし絵のもつ不思議な特徴は、量子状態の特徴である「重ね合わせ状態」をうまく表現していることがわかります。特に「０でもあり、１でもある」という状態はなかなかイメージしにくいため、有効な手がかりを与えてくれる貴重なものといえるでしょう。

●〈量子山手線〉で量子状態と測定をイメージする

量子のワンダーランドの最後のスケッチとして採り上げるのは、〈量子山手線〉というイメージです。現実の山手線は、ご周知のように東京の街をぐるりと一巡りする円形状の路線図が特徴的で、数えると全部で29の駅があります。これが大阪なら環状線、ロンドンならサークルラインと、世界のさまざまな都市に循環運転を行う電車があるわけですが、ここでは例として山手線を採り上げることにします。またこれからイメージしていくのは量子的な世界における山手線ですので、現実の山手線と区別するために、改めて〈量子山手線〉と呼ぶことにしましょう。

そこへ、〈量子山手線〉に乗ってどこかの駅へ出かけようとしている1組のカップル、アリスとボブが現れます。ボブにとって関心があるのは、どの駅へ行きたいかというアリスの気持ちです。そこで私たちもボブにならってアリスの〝気持ちの状態〟にフォーカスし、これを〝量子的に〟読み解いていこうというのが、今回のスケッチのテーマです。

さて現実の山手線と同じように〈量子山手線〉にも、円形状の路線図の東に東京駅、西に新宿駅という2つの主要駅があります。そして2駅を結ぶ線を描くと、ちょうど円を横方向に二分する軸を描くことができます。また〈量子山手線〉にはもう一つ新たな主要駅である品川駅があり、これは路線図の南に位置します。そこで品川駅に対応する北方向の駅を探すと、ちょうど日暮里駅あたりが適当ではないかと思われます。したがって〈量子山手線〉には、まず東西の方向に「東京／新宿」、そして南北の方向に「品川／日暮里」という二つの軸があることになります。

円形状に広がる状態に、中心を通る縦横二つの軸……といえば、これまでずっと採り上げてきたおなじみの図にそっくりではありませんか？——そう、〈量子山手線〉は、たくさんの駅が円形状に広がる状態によって、1量子ビットの量子状態をうまく表しているのです。量子ビットが球面上のあらゆる状態をとることができたように、〈量子山手線〉も29駅のどこにでも停車でき、より詳しくいえば本来路線上のすべての地点を駅として選ぶことができるという特徴をもっています。そして量子状態を測定する際にまず決めなければならない測定の向き＝ベースを、たとえば「東京／新宿」に決めて測定すれば、「東京」または「新宿」のいずれかの答えが返ってくると考えることができます。また量子ビットは「重ね合わせ状態」でしたから、〈量子山手線〉の状態を知る

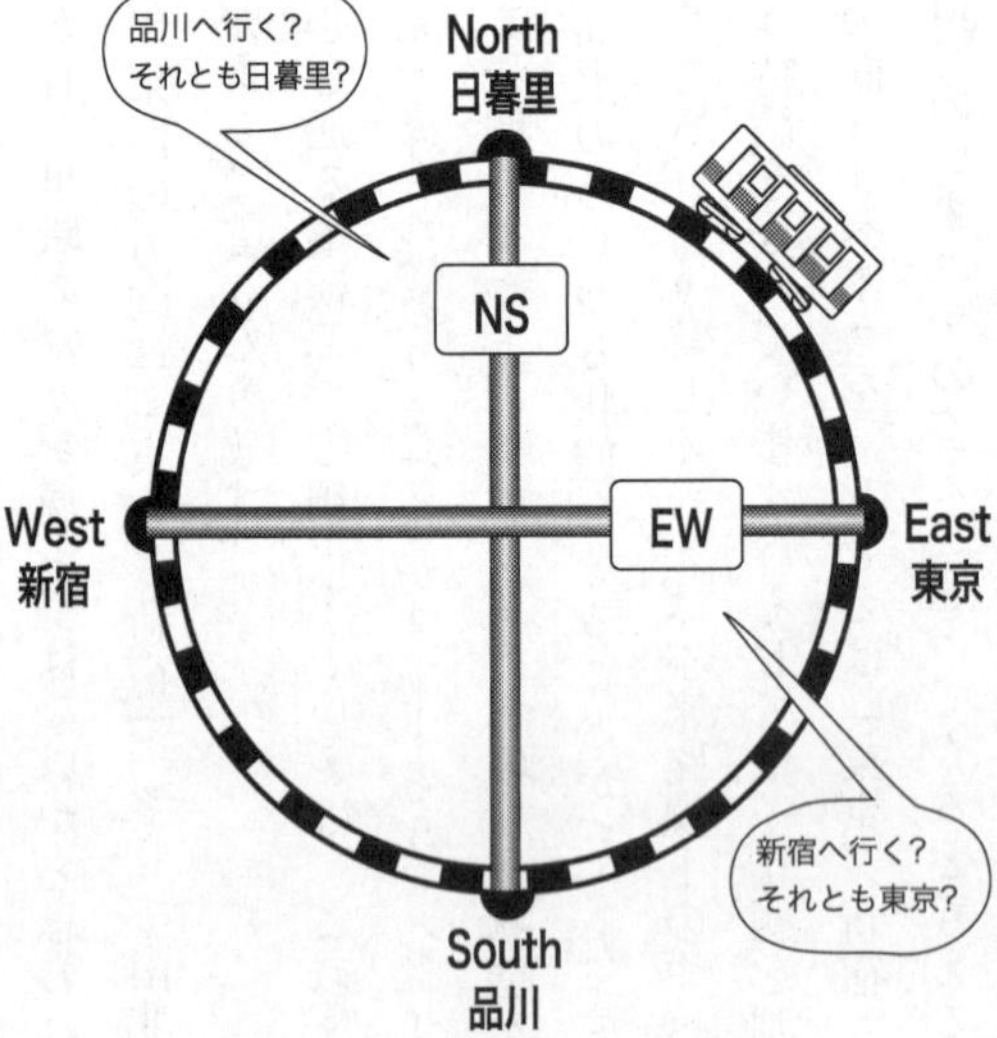

図４―３　〈量子山手線〉で量子状態と測定をイメージする
量子のワンダーランドを旅行中のボブとアリスは、〈量子山手線〉に乗ってこれから遊びに出かけるところだ。どこへ行きたいかはアリス次第。ボブに質問＝測定してもらって、さっそく「量子的な」アリスの気持ちの状態を知ろう！

——たとえばどの駅へ行きたいかというアリスの気持ちの状態を知る——ためには、もう一つの測定の向き＝ベースが必要になってきます。そこでもう一つの向き＝ベースとして「品川／日暮里」を活用していこうというわけです。

●アリスの気持ちは〝量子状態〟

さあここで、いよいよアリスとボブに登場してもらうことにしましょう。二人は今、どの駅へ行こうかと考えており、駅を選ぶ主導権を握っているのはアリスです。そしてアリスがどう思っているかは、質問してその答えを聞かない限り、ボブは知り得ないものとします。そこでボブはアリスに質問するのですが、ここで注意したいのは、このカップルそのものも〝量子的〟——つまりアリスの気持ちの状態は〝量子状態〟にそっくりであり、それを質問によって〝測定〟するボブのアプローチも〝量子的〟——であるという点です。

したがってアリスの気持ちの状態を知る＝測定しようとすれば、直ちに量子特有の問題が現れてきます。「0」か「1」のどちらかを区別する測定器と同様に、ボブの質問の形は「東京と新宿、どっちにする？」というように二者択一形式になっている必要があります。しかも一度測定してたとえば「新宿」という値が出たからと言って、アリスの気持ちの状態が100％新宿なのか、50％新宿なのか、あるいは混合状態にある新宿なのかは、区別することができません。

ではいったいアリスの気持ちの状態はどこにあるのか――これをさきほどの量子状態としての〈量子山手線〉を手がかりに、さっそく読み解いていきましょう。

ではふたたび量子のワンダーランドへ戻り、二人の会話シーンを見ていきましょう。

SCENE1

（行きたいところはいろいろあるけど……）

とアリスは考えています。アリスの気持ちは〝量子状態〟ですから、彼女には非常に多くの選択肢があるのです。

（今日は品川へ行きたい気分だな）

と、アリス。そこでボブが質問し、アリスの気持ちを測定します。

「新宿へ行く？　それとも東京？」

「新宿」

さて、測定値は「新宿」でした。しかしこれではまだ、「新宿」という答えが１００％のものなのかそうでないのか、ボブは知ることができません。そこで巻き戻しボタンを押すようにして、もう一度同じ気分のアリスに登場してもらい、ボブに何度も質問＝測定してもらいます。その結果、アリスの気持ちの状態は新宿50％、東京50％であることがわかりました。

これがもし１００％であったなら、アリスの気持ちは１００％新宿へ行きたい状態であることがわかり、これでめでたく問題解決ということになります。アリスにしてみれば見事気持ちにマッチして「そうそう、新宿へ行きたいと思っていたんだよね～」という感じでしょうか。したがってこのケースでは、アリスの気持ちの状態とボブの測定の向き＝ベースは運よくマッチしたものと考えることができます。

ところが残念ながら、結果は新宿50％、東京50％と出ましたので、ボブはさっそくもう一つの測定の向き＝ベースを用意しなければなりません。ふたたび巻き戻しボタンを押してさきほどの二人に再登場してもらいましょう。

SCENE 2

（行きたいところはいろいろあるけど……）

とアリスは考えています。アリスの気持ちは〝量子状態〟ですから、彼女には非常に多くの選択肢があるのです。

（今日は品川へ行きたい気分だな）

と、アリス。そこでボブが質問し、アリスの気持ちを測定します。

「品川へ行く？　それとも日暮里？」

「品川」

ここでＳＣＥＮＥ１の時と同様、ボブに何度も質問＝測定してもらい、「品川」というアリスの答えの確率を確かめます。この結果には2通りの可能性があり、一つは依然として品川50％、日暮里50％と出て、アリスの気持ちが定まらない場合です。つまりアリスは、ああ言ったかと思えばこう言うのです。このように、どちらの質問でもその結果は半々というアリスの気持ちの状態は、まさしく「混合状態」にあると考えられます。どこかへ行こうと思っている時は最悪のケースともいえるでしょう。

しかし不幸中の幸いというべきか、ボブに何度も質問＝測定してもらったところ、結果は可能性のもう一方、品川１００％であったことが判明します。最初の「東京／新宿」の測定では、ボブの質問とアリスの気持ちの状態がミスマッチしていたために、半々の結果に終わったのですが、今度はアリスの気持ちの状態と測定とがマッチし、確率１００％の答えを引き出すことができたのです。では最後に後日談として、古典的な世界へ帰ってきた二人のシーンをご覧ください。

SCENE 3

ボブに何度も質問＝測定してもらったところ、アリスの気持ちの状態は１００％品川であることが判明しました。

「そうそう、品川へ行きたいと思っていたんだよね～」とアリス。

「でも、最初に聞いた時は新宿って言ったよね」とボブ。

「それは、あなたが東京か新宿かって聞いたでしょ。どちらでもないから、とっさに浮かんだ方を答えたの」とアリス。

「でももしその後すぐにもう一度聞かれたら……」

とアリス。つまり、もう一度同じ状態へと巻き戻さずに、測定後の状態でもう一度測定したら、とアリスは問います。

「間違いなく新宿へ行きたいと思っていたでしょうね」

「なるほどね。測定によっていったん気持ちが決まれば、元の状態へは戻らない」とボブ。

「そう。それまでは品川へ行きたいと思っていたのにね」

「うん」

「最初に思っていたのとは違う駅に決まってしまうなんて、不思議よね。でも気持ちの状態って、案外そういうものなのかも知れないわ」

第五章

量子が入っている技術はどこが違うのか？

——1量子ビット操作と「量子鍵配送」

●現在のインターネットにおける公開鍵暗号と量子鍵配送

本章では、量子の性質を活かし、現在よりもセキュリティの高い通信を可能にする「量子鍵配送（BB84）」をご紹介します。量子的な系にある量子ビットをコントロールすることを「量子操作」といいますが、「量子操作」には大きく分けると二つの種類があります。その一つが量子ビット一つずつに対して行う「1量子ビット操作」であり、もう一つが量子コンピュータなどで必要となってくるより高度な「2量子ビット操作」です。量子鍵配送はこのうち「1量子ビット操作」を用いた技術であり、現在、量子情報処理の諸分野の中で最も早く実現化が目指されている技術の一つだということができます。

ところで量子鍵配送の具体的な操作に移る前に、そもそも現在のインターネットで運用されている暗号技術とはどのようなものであったのか、簡単に復習しておきましょう。

現在インターネットで行われている通信では、その通信内容が第三者に盗聴されたり書き換えられたりしないよう、データを暗号化してやりとりしていますが、そのうち代表的なものが一九七七年に開発されたＲＳＡ暗号と呼ばれる技術です。「ＲＳＡ」とは開発者のRonald L.Rivest氏、Adi Shamir氏、Leonard M.Adelman氏のイニシャルからとったもので、3氏は公開鍵暗号を使ってコンピュータ間の安全な通信を実現した功績により「チューリング賞」を受賞しています。

この安全性の根拠となるのが、暗号化を行う「公開鍵」と解読を行う「秘密鍵」をセットにして使う暗号化のしくみであり、その原理は素因数分解にあります。

まず因数分解とは、ある数について、余りが出ないような割る数とその解の組み合わせを見つけようという、一種のゲームのようなものです。そしてその数が素数だけで構成されている場合、これを素因数分解といいます。例えば、

問題：91を素因数分解しなさい

答え：7と13

となります。これは単純な例ですが、桁数を増やして数を大きくしていくと飛躍的に計算量が増大し、スーパーコンピュータでさえ非常に多くの時間がかかることが知られています。したがって解読可能ではあるけれども、現時点で世界最速のコンピュータが計算してもなかなか答えが出せないのであれば事実上安全だという理由で、私たちが安全な通信を行えるしくみがＲＳＡ暗号だといえます。

一方、これからご紹介する「量子鍵配送（BB84）」のしくみは、実際の通信にとりかかる前に、まず通信したい両者間のやりとりを通じて、この二人だけが知っている共通の「暗号鍵」を生成しようというものです。「量子鍵配送」という名称を聞くと、一方から他方へなんらかの鍵を送る技術であるかのような印象を受けますが、「配送」というよりは、量子の性質を利用した盗聴されにくいプロセスを通じて、共通の鍵をむしろ「生成」していく点が特徴です。したがって「公開鍵」と「秘密鍵」から成るＲＳＡ暗号とはまったく異なる原理に基づく技術であり、近い将来「量子鍵配送」が実用化したとしても、現在のセキュリティのしくみが破られるとか、役に立たなくなるといったことを直ちに意味するわけではありません。

●量子ビットに情報を乗せて、いよいよ配送開始

ではさっそく量子鍵配送を始めるにあたり、ここで〈量子山手線〉のところに出てきたアリスとボブにふたたび登場してもらうことにしましょう。二人はセキュリティの高い通信を行いたいと考えており、これに先だって、二人だけが知る共通の「鍵」を、それぞれ一つずつ持ちたいと考えています。

この鍵は、一般に「0」または「1」から成るひと続きの数字の列です。アリスとボブがやりとりをすることによって、両者の側に共通の数列が生成され、結果として、これを鍵として所有することができるようになるという流れですので、スタート時点ではまだ目的の鍵は存在しません。その代わりにまず送り手であるアリスが、これから共有しようとする鍵の元になるものとして、ランダムな「0」と「1」の列「1110000110」を用意します。これをそのまま送ってしまったのでは情報が漏れてしまいますから、何

らかの符号化を行いたいところです。そこでアリスは、「0」または「1」というこの1ビットの情報を量子状態に乗せて、ボブに送信することにします。

これを第三章で用いた量子状態の例（97ページの図参照）にならって整理すると、

「0」→北（North）

「1」→南（South）

となります。そしてさきほどアリスが用意した「1110000110」に適用していきます。最初は「1」なので「南」、次も「1」なので「南」、次も「南」……というように一つずつ送信していくわけです。受け取ったボブは〈NS〉測定器で量子状態を測定し、「南」であれば「1」、「北」であれば「0」という情報を取り出します。なお実際に送信する場合の通信経路としては、光ファイバーによるものや衛星を用いる場合などがあります。

ところが、ここで第三の登場人物——盗聴者イブが現れます。というのもこのやり方では、もしアリスとボブの間に第三者、すなわちこの盗聴者イブのような人物が現れた

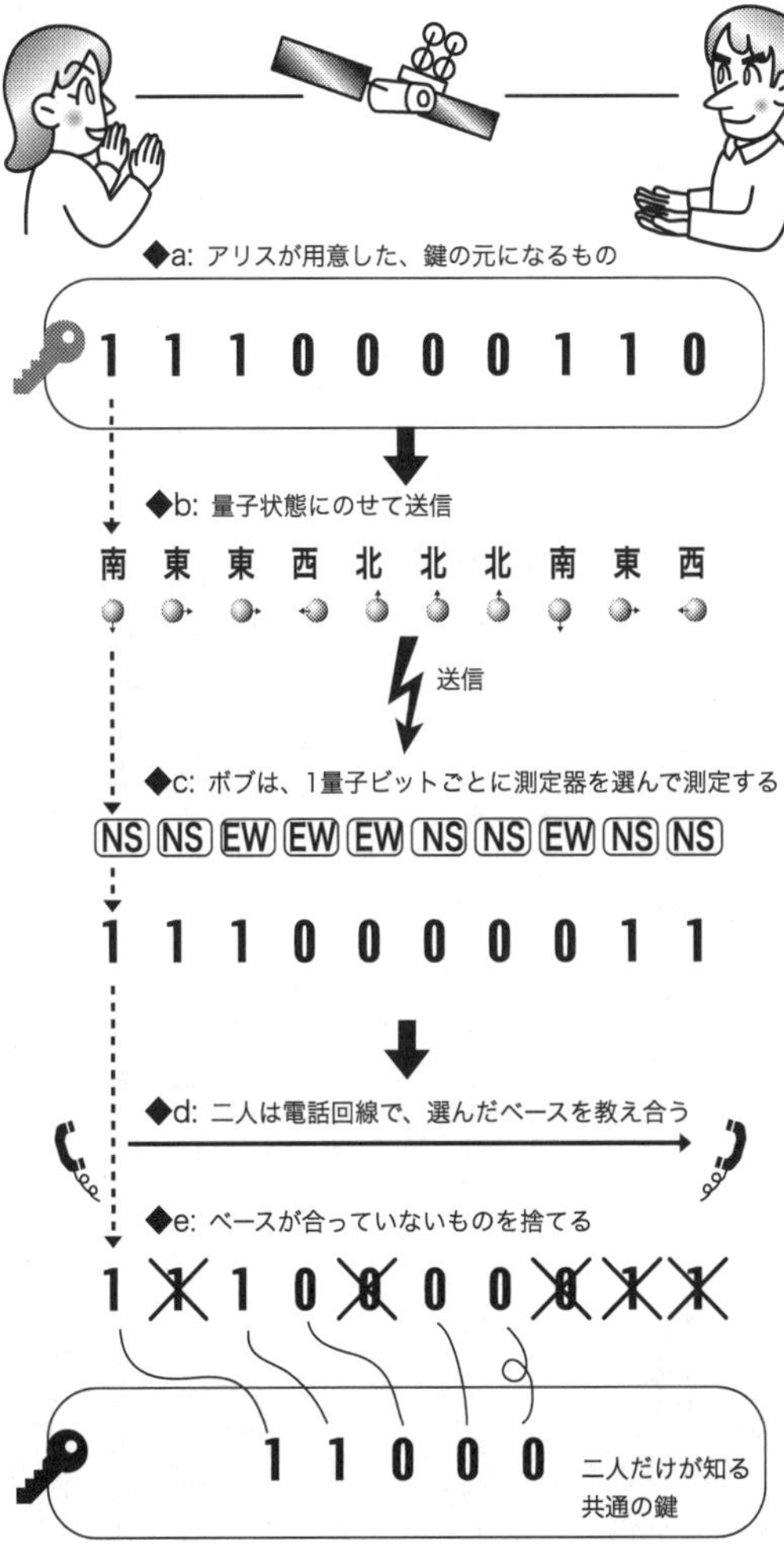
◆a: アリスが用意した、鍵の元になるもの
1 1 1 0 0 0 0 1 1 0
◆b: 量子状態にのせて送信
南 東 東 西 北 北 北 南 東 西
送信
◆c: ボブは、1量子ビットごとに測定器を選んで測定する
NS NS EW EW EW NS NS EW NS NS
1 1 1 0 0 0 0 0 1 1
◆d: 二人は電話回線で、選んだベースを教え合う
◆e: ベースが合っていないものを捨てる
1 1 1 0 0 0 0 0 1 1
1 1 0 0 0
二人だけが知る
共通の鍵

図5—1　アリスとボブの量子鍵配送

場合、鍵の情報が簡単に漏れてしまう危険があると考えられるからです。通信経路に介入したイブは、アリスが送信した量子状態を傍受し、〈NS〉測定器を使って測定することにより、鍵の元になる数列の情報を得ることができます。続いてイブはアリスになりすまし、その情報を元通り量子状態に乗せて、ボブに送信してしまいます。するとボブは、これをアリスから送られてきたものとして受け取ってしまうわけです。またそれが本当にアリスから送られた情報かどうかを確かめる方法がありませんから、盗聴されたことに気づくこともできません。

このような結果にならないためには、もう一つ、何か量子状態のもつ「重ね合わせ状態」という特徴を活かした工夫が必要になってきます。

●重ね合わせ状態を使った、セキュリティの高い通信

そこで活躍するのが、もう一つ別の測定の向き＝ベース、つまりこの例でいうと「東」か「西」かが区別できる〈EW〉測定器ということになります。さきほどとは違

い、鍵の元になる数列の一つ一つに対して、どちらのベース（測定器）を選ぶかによって、量子状態が変わってきます。まずそれぞれについて、整理しておきましょう。

「0」→〈NS〉ベースを選択→北（North）
〈EW〉ベースを選択→西（West）
「1」→〈NS〉ベースを選択→南（South）
〈EW〉ベースを選択→東（East）

送り手であるアリスも、こんどは1ビットを送るたびに、まず〈NS〉ベースにするか、〈EW〉ベースにするかをランダムに決定しなければなりません。たとえば数列の1番目の「1」は、アリスはたまたま〈NS〉ベースを選んだため、「南」という量子状態に乗せて送信しています。2番目の「1」については〈EW〉ベースが選ばれており、「東」という量子状態に乗せて送信されています。このようにして鍵の元になる数列を次々に符合化していくと図5―1bのようになります。

続いて受け手であるボブの作業を見ていきましょう。ボブは情報の乗った量子ビットを一つずつ受け取り、さっそく測定にとりかかります。測定を行うためには、ボブもやはりまず〈NS〉ベースにするか、〈EW〉ベースにするかをランダムに決定しなければなりません。そしてまず1番目の「南」については〈NS〉ベースを選び、「1」という数字を得ます。2番目の「東」については〈EW〉ベースを選び、「1」という数字を得ます。このようにしてすべての量子状態を測定し終えると、ボブの側には「1110000011」という数列ができあがります（図5—1c）。

ではアリスのもっている数列と、ボブがもっている数列を比較してみましょう。

No.	1	2	3	4	5	6	7	8	9	10
アリス	1	1	1	0	0	0	0	1	1	0
ボブ	1	1	1	0	0	0	0	0	1	1
比較	○	○	○	○	○	○	○	×	○	×

よく見ると、少し違うところがあります。これはなぜでしょうか？　一つ一つの量子ビットについて、アリスが選んだベースとボブが選んだベースが同じである場合は、量

子状態とベースがマッチして、ボブはアリスと同じ正しい数字を得ることができます。したがって、何ら問題はありません。ところがボブがアリスとは異なるベースを選んでしまった場合は、量子状態とベースがミスマッチしてしまいます。したがって、アリスと同じ正しい数字が得られる確率は50%となり、これが相違の原因となっているのです。

このような例の一つである8番目の量子ビットについて、少し詳しく見てみましょう。これはアリスは〈NS〉ベースを選んだのに、ボブは〈EW〉ベースを選んでしまったというケースです。量子ビットの「南」という量子状態に対して、ボブが選んだ測定の向き＝ベースがミスマッチしていますので、〈EW〉ベースが与える測定結果は「0」「1」それぞれ50%ずつということになります。同様に10番目の量子ビットの場合も、アリスは〈EW〉ベースを選んだのに、ボブは〈NS〉ベースを選んでいますので、測定結果はやはり「0」「1」それぞれ50%になります。

よりセキュリティの高い通信を行おうという時に、このことはどういう意味をもつのでしょうか。確かにアリスとボブの選んだベースが違ってもたまたま「0」「1」の数字が同じになる場合もないとは限りません。しかし正しい可能性も間違っている可能性も50％50％という数列ではとても信頼できないことから、この後引き続き、間違っている可能性のある、つまりダメな数字を取り除くプロセスが必要になってくるのです。

●二人だけが知っている共通の鍵を生成

そこでこの通信結果を元に、二人は今度は電話回線という古典的な通信経路を使ってやりとりすることにします。ここで伝えなければならないのは、お互いがどのベースを使ったかという情報です。またこの際、選んだベースの情報〝だけ〟を伝えるという点が、要チェックポイントになります。つまり、この通信経路ではたとえば「0」「1」のどちらを選んだとか、どういう量子状態を用意したとかいったことは絶対に話してはいけません。せっかく通信経路を変えてやりとりしているのに、この話を聞くだけで鍵が何であるかがわかってしまうような情報を乗せてしまったら、安全性の面で元も子もなくなってしまうからです。

手順としてはまずアリスが、それぞれの量子ビットについてどちらのベースを用いたのかを、ボブに伝えます。ボブは自分が選んだベースがアリスが選んだベースと合っていたかどうか、一つ一つチェックしていきます。そして異なるベースを選んで測定してしまったダメな量子ビットの数字を列から取り除き、合っていたものだけを残します。するとボブの側に、「11000」という新しい数列ができあがりました（図5―1e）。

続いて今度はボブのほうから、自分が選んだベースをやはり電話回線でアリスに伝えます。するとアリスも同様にそれぞれの量子ビットについて、自分が選んだベースとボブが選んだベースが合っているかどうかをチェックして、合っていたものだけを残すことができるわけです。これによってアリスの側でも、50％の確率で間違っているダメな値を取り除くことができ、新しい数列ができあがりました。

ではさっそく二人の手元に残った、新しい数列を比較してみましょう――いずれも「11000」になっています。すなわちこれが新しく生成された、二人だけが知っている共通の鍵なのです。二人は今後、セキュリティの高いこの鍵を用いて、安全な通信を行えるということになります。

●量子鍵配送を盗聴しようとすると……

このようにして無事、二人の手元に共通の鍵が渡ったところで、さて、ふたたび盗聴者イブに登場してもらいましょう。そして「量子鍵配送」においてアリスとボブの間に盗聴者イブが介入するとどのようなことが起こるのか、改めて確認していこうと思います。結論から言うと、「量子鍵配送」では通信を行う当事者が、盗聴の形跡を発見できるしくみをもっており、このことが原理的に高いセキュリティを実現できる理由にもなっています。では、いったいなぜなのか、詳しく見ていくことにしましょう。

さて図5―2のように二人の間に、アリスからのメッセージを傍受して情報を得ようという盗聴者イブが現れます。イブは、アリスが送信した1量子ビットを受けとり、さっそく測定にとりかかるとします。しかし量子ビットは重ね合わせ状態を利用して符号化されているため、イブはとにかくどちらかのベースを選んで、量子ビットを一つずつ測定していかなければなりません。ところが、アリスが選んだベースについての情報は伝わっていないため、イブが選んだベースがすべて偶然にアリスと同じになるといったことはとても考えられません。図5―2の例では、たとえば1番目の「南」を受け取ったイブは、〈EW〉ベースを選び、「0」を得ます。しかしアリスは〈NS〉ベースを選んでおり、ここで早くもミスマッチしてしまっています。

前述のように、ミスマッチした測定ではその結果は半々の確率で、アリスとは異なる間違った値になってしまうのでした。するとこの後、イブがアリスになりすましてボブに情報を送信する際も、アリスが送ったものとは違う量子状態の量子ビットが必ず混じっていることになります。

一方、そうとは知らないボブは、すべてアリスが送信したものだと思って、さきほどと同じように測定を行います。続いてボブとアリスは電話回線でお互いが選んだベースを教え合い、お互いが合わないものを消していきます（図5―2d）。ところが今度は、途中でイブが測定を行ったために、ボブとアリスの数字の列に辻つまの合わないところが出てきます。たとえば先ほどイブは1番目の量子ビットを測定する際、ミスマッチしたベースを選んでしまったため、アリスが送ったのとは違う量子状態を送信しました。これを測定したボブは、アリスと同じベースを選んだにもかかわらず、量子状態から「0」という違った情報を引き出してしまっています。するとボブとアリスが生成した鍵は必ずしも一致しない、むしろどこかしら異なるものになってしまうわけです。

そこでアリスとボブは、いざ通信しようという際、これに先だってまずお互いの鍵の一部を照合します。この時にお互いの鍵がぴたりと合っていれば、その鍵の一部を捨て、残りの数列を鍵として使っていくことになります。ところがどうも一致しないという怪しい部分が出てくれば、これはすなわち、通信の途中で誰かが聞いているという形跡に他なりません。そこで2人はその鍵を破棄してふたたび新しい、安全な鍵を作り直すことができるのです。

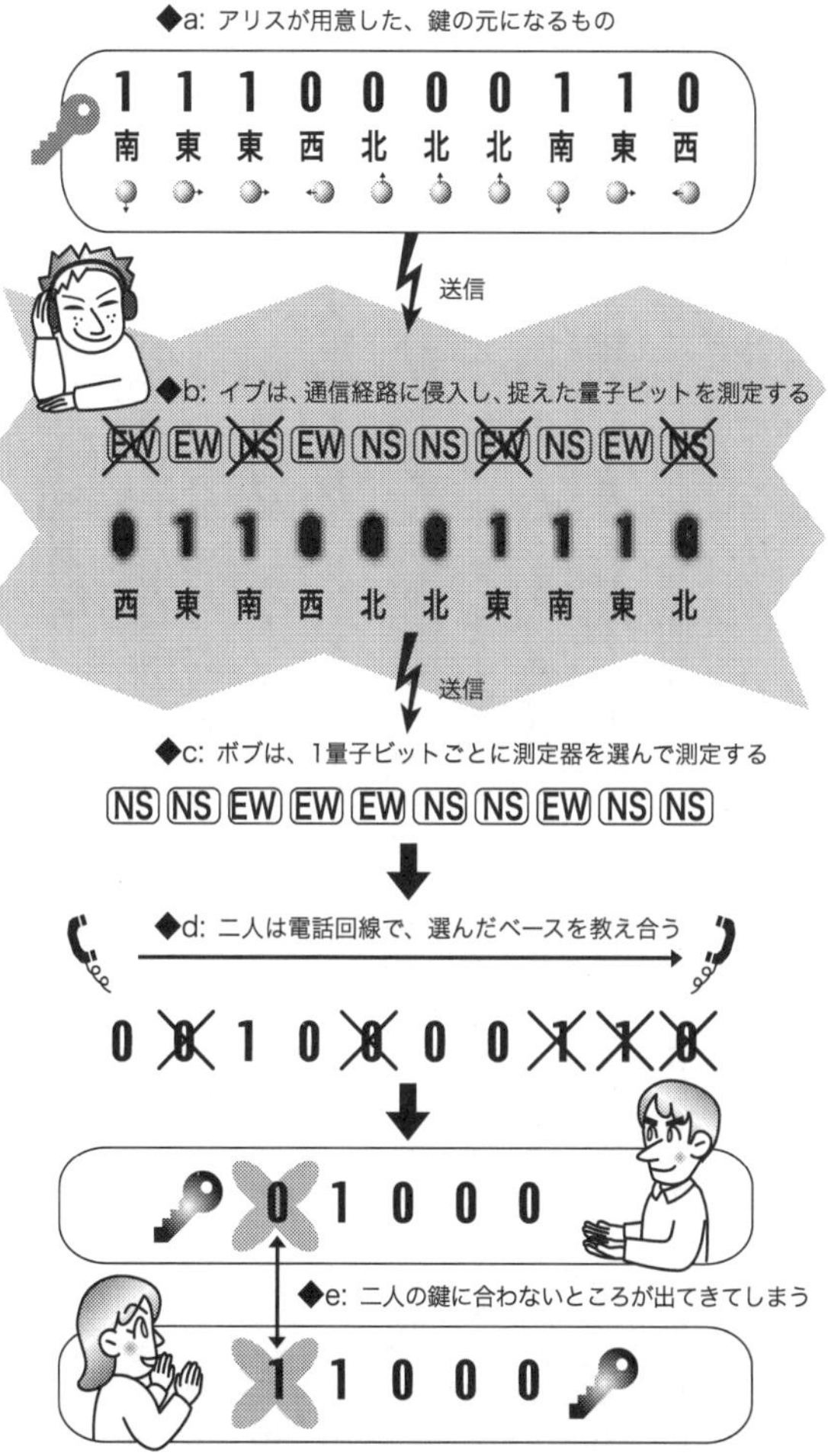
◆a: アリスが用意した、鍵の元になるもの
1 1 1 0 0 0 0 1 1 0
南 東 東 西 北 北 北 南 東 西
送信
◆b: イブは、通信経路に侵入し、捉えた量子ビットを測定する
EW EW NS EW NS NS EW NS EW NS
0 1 1 0 0 0 1 1 1 0
西 東 南 西 北 北 東 南 東 北
送信
◆c: ボブは、1量子ビットごとに測定器を選んで測定する
NS NS EW EW EW NS NS EW NS NS
◆d: 二人は電話回線で、選んだベースを教え合う
0 0 1 0 0 0 0 1 1 0
0 1 0 0 0
◆e: 二人の鍵に合わないところが出てきてしまう
1 1 0 0 0

図5—2　量子鍵配送と盗聴者イブ

●1量子ビット操作から2量子ビット操作へ

さて量子鍵配送を例に、量子の奇妙な性質そのものを利用し、量子的な操作を施して何かに役立てることが、現在すでに技術的に可能になってきている様子を見てきました。量子鍵配送は、原理的に、よりセキュリティの高い通信を実現するという優位点によって、徐々に実用化されていくものと考えられます。

また1量子ビット操作の応用例としては、量子鍵配送のほかにも比較的知られているものに、乱数発生器があります。乱数とは、いわゆる〝でたらめ＝ランダム〟な数列のことですが、規則性のまったくない純粋にランダムな数の生成は、古典的なシステムではこれまで実現が難しいとされてきました。しかし量子は原理的にこのランダムという特徴を備えていることから、量子的な性質を利用することによって精度が高い乱数が比較的手軽に生成できることがわかっています。これらの技術は、部分的には古典的なシステムが可能にしていた機能でも、そこに量子的な性質を加味することにより、その精度や性能を一段高めた点に大きな特徴をもっているといえるでしょう。このように1量子ビット操作を活用したデバイス開発をはじめとするさまざまな応用分野が、これから大いに発展するであろうと考えられています。

しかしその一方で量子鍵配送の技術的達成は、量子コンピュータの実現とは、直接結びつきません。なぜなら1量子ビットが発揮できる量子的な性質といえば、まず挙げられるのが「重ね合わせ状態」になりますが、これは量子的な世界がもつ豊富であると同時に奇妙でもある特質の、実は氷山の一角に過ぎないからです。

1量子ビットから2量子ビットへ——相互作用した二つの量子をコントロールする「2量子ビット操作」の実現は、量子情報科学にとって非常に困難な課題であったと同時に、その突破はたいへん大きな飛躍を意味します。2量子ビットを扱えるようになるということは、飛躍的に豊富な量子的な性質のリソースが活用できるということであり、またその応用分野においてもデバイス開発のような小さなシステムから、情報処理のような大きなシステムを目指すことができるからです。

まさに量子の本領発揮といった2量子ビットの世界について、ではさっそく次章でご紹介していきましょう。

第六章

絡み合う多量子ビットの世界

——2量子ビット操作と「量子テレポーテーション」

●2量子ビット操作の魅力と難しさ

前章では「1量子ビット操作」の代表例でもある「量子鍵配送」について見てきました。続く本章では、ちょうどモノクロ画像が色彩豊富なカラーになった場合のように、古典の場合とは違う量子の豊富な性質がいっそう顕著に現れる「2量子ビット操作」を採り上げます。この「2量子ビット操作」は、これから説明する「量子テレポーテーション」の基盤を成すことはもちろん、量子コンピュータを実現する上でもなくてはならない重要な基礎技術であるといえます。

2量子ビット操作ならではの特徴といえば、そのキーワードが「エンタングルメント」です。二つの量子ビットが何らかの相互作用によって量子的な相関関係をもつと、それまでとは違った状態すなわち「エンタングルした状態」になることが知られています。「エンタングルメント」とは、「量子絡み合い」「量子もつれ」とも訳され、見た目は二つの量子ビットでも、切っても切れない関係性をもった新たな量子状態のことを指

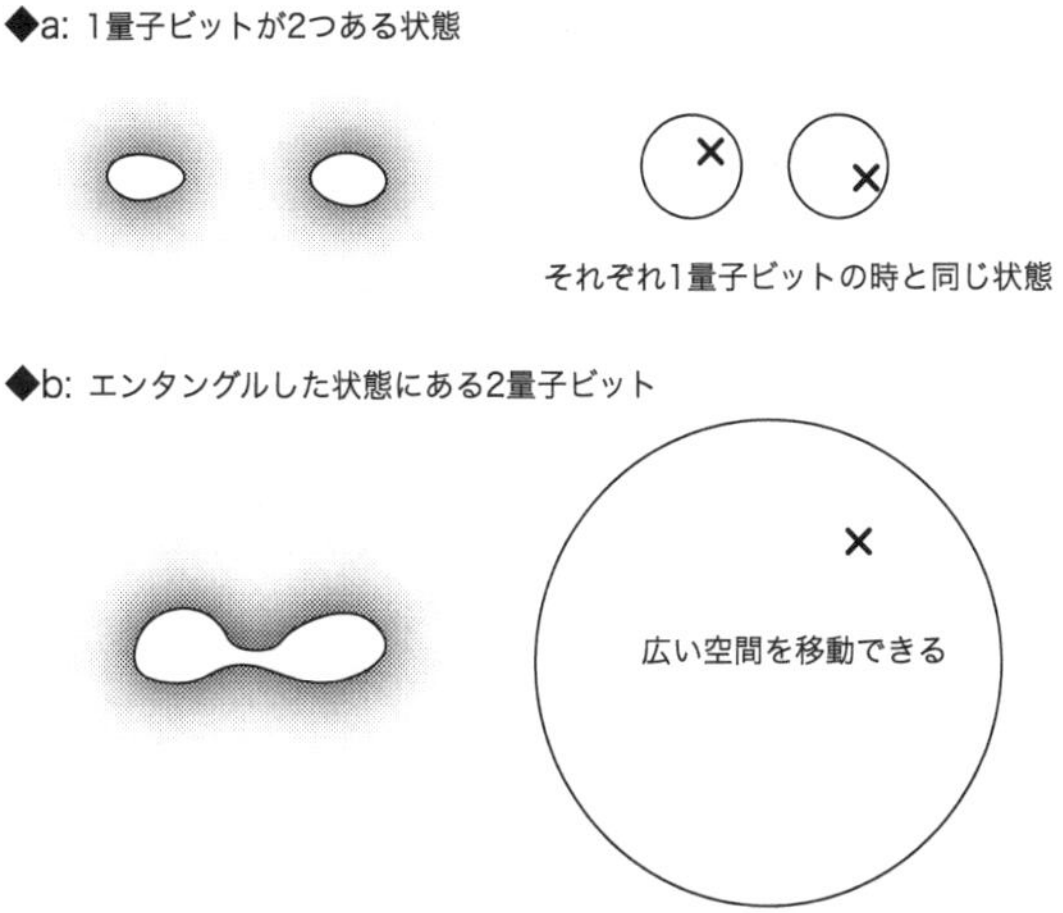

図6—1　2量子ビットの量子状態

します。たとえば図6—1aのように、量子ビットが二つあってもお互いに何の相関関係もない場合には、それぞれが別個に1量子ビットであるに過ぎません。このような場合、それぞれの量子状態は1量子ビットの時と同様であり、また一方の量子ビットの状態が変わっても、他方の量子ビットに影響を与えることはありません。

ところが「最大にエンタングルした状態」と呼ばれる状態にある二つの量子ビットは、図6—1bのような状態をとります。量子状態は高次元に広がっており、二つで一つの量子状態を担っているため、一方が変われば他方の量子ビットもそれに応じて変化します。詳しい話は後述するとしてここでは、エンタングルメントは、量子特有の非常にパラメータ豊富な性質のリソースである点を確認しておきたいと思います。

このため1量子ビット操作と2量子ビット操作との間には、その難易度に大きな段差があります。つまり2量子ビット操作においては、量子の豊富なリソースを引き出すには量子ビット同士を相互作用させなければならず、相互作用させようとすればするほど量子的な世界がこわれてしまう「デコヒーレンス」を引き起こしやすくなるというジレンマを抱えているからです。そこをいかにコントロールしていくか――この問題こそが、これまで長く2量子ビット操作の実現を阻んできました。本章では、現在最もホットな研究領域の一つであるこの2量子ビット操作を中心に、その原理的なしくみを解説します。さらにエンタングルメントへの理解を基に、量子の新たな特質である「コピー不可能性（The No-Cloning Theorem）」や、アインシュタインが主張した「EPRパラドックス」といったテーマについてもご紹介していくことにしましょう。

●〈量子コピー機〉でエンタングルした状態を把握する

ではまず、このエンタングルした状態というものは、2量子ビットがどのように相互作用した場合に生成されるのかを、見ていくことにしましょう。それは、ひと言でいえば「一方を参照して、他方を変える」という一種の条件付き演算と呼ばれる操作を行った場合、ということになります。そして私たちに身近なものでそのような機能を担っているものを探してみると、その代表的なものにコピー機を挙げることができるでしょう。そこでこれからこの「コピー」という操作のイメージを使って、古典的な場合と比較しながら、2量子ビット間にエンタングルした状態が生成される様子を見ていきたいと思います。

最初に私たちにとって身近なコピー、つまり古典的なコピー機について、それがどのような特徴をもっているのかを押さえていくことにしましょう。1ビットの情報を扱いたいので「1」と書かれたオリジナル原稿を用意します。古典的な状態ですから、何も書かれていない白紙（＝「0」）および「1」と書かれた紙（＝「1」）のいずれかの状態しかないものとします。2枚の紙を同時に機械に入れ、オリジナルの原稿である一方を参照して、初期化された原稿をオリジナル原稿と同じ状態に変化させる操作を行います。これこそが、私たちの知っている〝コピー〟です。――すると操作後、私たちの手元には同じ「1」という状態にある2枚の紙が残りました（図6－2a）。

さてこれが量子であった場合、コピーはどのように作用するでしょうか？　今度は量子状態ですから「1」という値のかわりに、第三章で使った例にならって、「南」という状態のオリジナル原稿を用意することにします。そしてコピー用紙として、常に一定の状態に初期化された紙が補給できるように準備しておき、初期化された状態は「北」であるとしましょう。

古典的な場合と比べると状態こそ違いますが、このコピー機もやはり北（＝「0」）と「南」（＝「1」）という二つの状態を区別することができます。また古典的な場合と同じように動作するようつくったわけですから、コピーをスタートさせれば、オリジナ

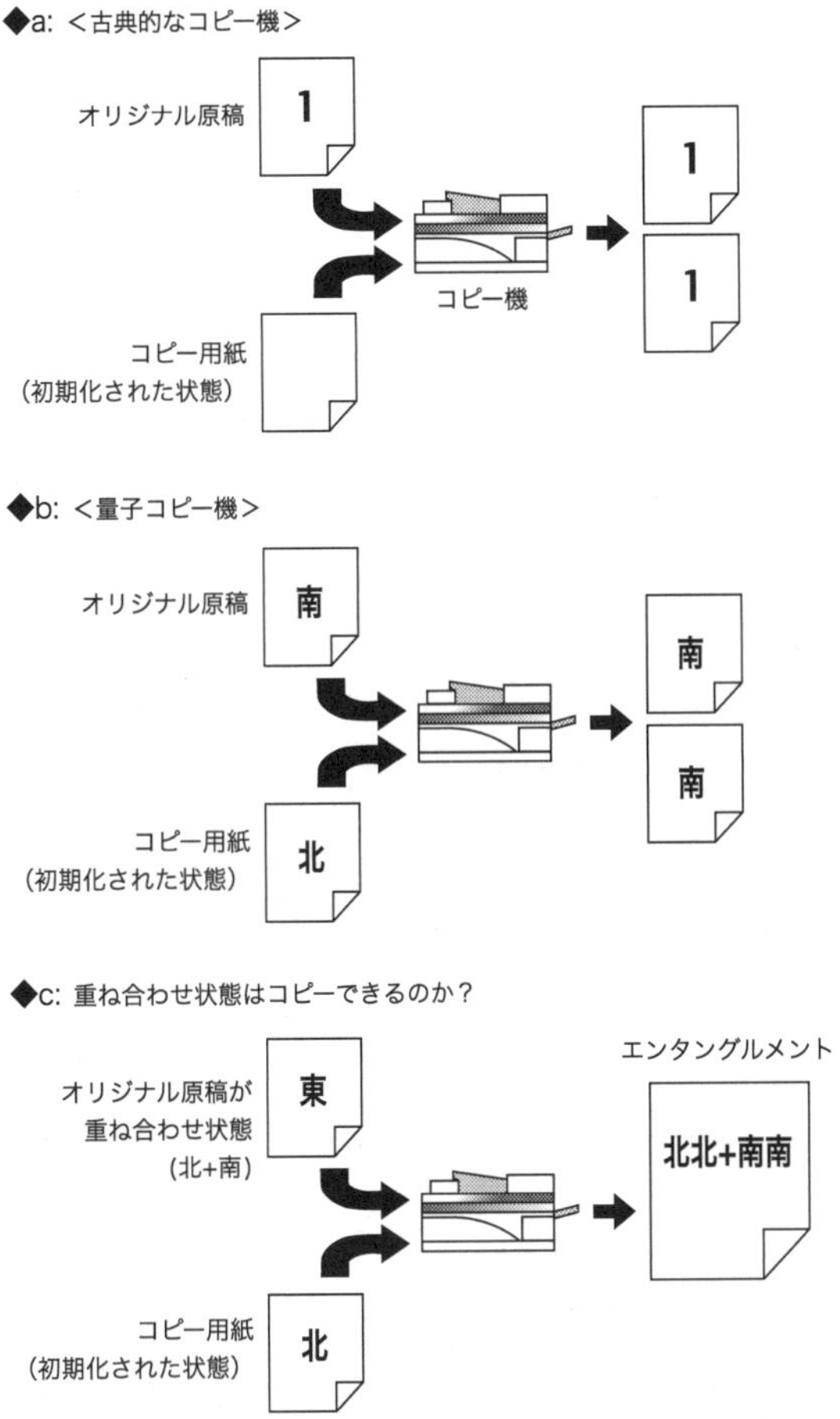

図 6 — 2　〈量子コピー機〉でエンタングルした状態を把握する

ル原稿「南」を参照しながら、コピー用紙のほうを「北」→「南」に変える操作が行われることになります。この場合オリジナル原稿は「南」ですから、コピー用紙のほうも同じ状態になってコピー機から出力され、これでめでたくコピーが完了します。

ところが量子状態の場合、これまでも何度か見てきたように「重ね合わせ状態」により、「南」は無数にとれる状態のうちの一つに過ぎません。量子状態がうまくマッチしていたさきほどの例ではうまくコピーできたものの、もしオリジナル原稿が「北」と「南」の重ね合わせ状態、たとえば「東」であったら、どうなるのでしょうか？　というのもこのコピー機は、「北」と「南」を区別し、いずれかを出力するようにつくったのですから、新しく来たオリジナル原稿がたまたま「東」であったからといって、まさか急に「東」という状態を出力するわけにはいかないからです。

では重ね合わせ状態を参照したコピー用紙は、どんな状態へと変化するのでしょうか？……ともあれ、このコピーをスタートさせてみましょう。——すると古典の場合と同じようには働かないどころか、2枚の紙つまり2量子ビットの間に、みごとにエンタングルメントした状態が生成されるのです（図6―2c）。

このように量子においては、古典的な場合のようなコピーを生成することは不可能であり、量子に特有なこの性質を「コピー不可能性（The No-Cloning Theorem）」といいます。

●量子状態はコピーできない

さて、エンタングルメントを生成する〈量子的なコピー機〉について、そのプロセスを改めて見ていくことにしましょう。図6―2cのように、オリジナル原稿は「北」と「南」の重ね合わせ状態である「東」、すなわち「北＋南」という状態にあり、コピー用紙のほうは先ほどと同じように「北」です。さっそくコピーをスタートさせて、コピー用紙「北」がオリジナルの原稿「北＋南」を参照して、どう変化するか見ていきましょう。ただしこの場合も、このコピー機では「南」または「北」のいずれかの状態にしか対応できないため、「北＋南」という状態をそっくりコピーすることはできません。

コピー用紙はまず「北＋南」の最初の「北」を参照して、同じ状態である「北」へ変化します。ところがオリジナル原稿は「北」だけではなく「南」の成分も含まれているため、コピー用紙は、今度はこの「南」に〝くっついて〟「南」へと変化します。するとこの操作を通じて元は「北」という1量子ビット状態であったコピー用紙が、オリジナル原稿の北の後には北、南の後には南としてくっついてしまうということが起こるのです。かくして2枚の紙は2つで1つの状態を形成し、エンタングルした状態である「北北＋南南」という1枚の紙が、コピー機から出てくることになります。

エンタングルメントを生成するこの〈量子的なコピー機〉で見てきたことは、実は量子的な回路における「C－NOTゲート」と呼ばれるものの解説としても読むことができます。量子「C－NOTゲート」の概念図を、ご参考までに図6－3に掲げておきましょう。このゲートモデルという考え方は、もともと古典的なコンピュータにあるもので、古典的な基本ゲートとして広く知られているものに「AND」「OR」「NOT」の3種類があります。ゲートは、一連の操作の物理的な過程はともかく、その演算による

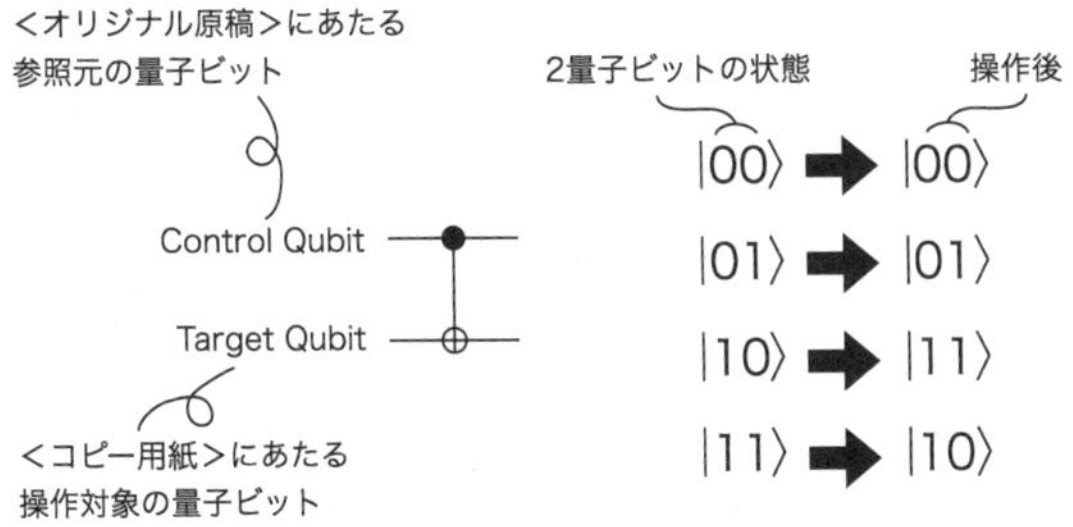

図6―3　C-NOTゲート

効果だけに注目するもので、情報処理にはお馴染みの概念といえるでしょう。

　ところで、どんなに複雑な演算も、それをいくつかの基本的な構成要素に分解することができれば、理論的にはそれらの組み合わせによって計算可能だと考えることができます。そして量子情報処理においては現在、量子コンピュータのように大規模かつ膨大な数の量子ビットを操作しなければならない情報処理においても、1量子ビット操作と2量子ビット操作の組み合わせによってすべての演算が組み立てられることがわかっています。量子的な回路におけるゲートの考え方も、これに基づいており、現在すでにいくつかの基本セットが提案されています。その例としては、エンタングルメントを生成する先ほどの「C－NOTゲート」に1量子ビットの回転を加えたものや、古典的な3種類のゲートを兼ねた1つのゲートに、1量子ビットの重ね合わせ状態を生成するゲートを組み合わせるものなどが知られています。

●「絡み合い」を意味する「エンタングルメント」

ではエンタングルメントというものはどんなものなのか、もう一度その概念に戻って、その特徴的な性質をまとめておくことにしましょう。

本章の最初でも例として採り上げたモノクロの画像においては、ご周知のように、画像の濃淡はすべて「ブラック」という1つのチャンネルで決定されています。一方カラー画像ではたとえば「R（赤）」「G（グリーン）」「B（ブルー）」という三つのチャンネルを備え、それぞれの値を単独に変化させることによってリアルな世界に迫る豊富な色彩を表現します。1から3チャンネルへパラメータが増加したことによって、その表現力の世界も圧倒的に拡大したということができるでしょう。ちょうどこれと同じように、1量子ビットが備えていた「重ね合わせ状態」に対して、エンタングル状態においてはその数が2、3と増えていくに従って、量子状態を決定するためのパラメータの数が指数的に増加し、言い換えれば数学的な表現空間が高次元になると考えられています。したがって量子状態は飛躍的に高い自由度をもつことになり、非常に広い空間のどれかの状態をとればいいということになるのです。

そしてとりわけ不思議に感じられるのが、エンタングルメント最大の特徴である「二つで一つ」という状態です。そこでこれを少し具体的な例で考えてみましょう。図6―4aのように、まず最大にエンタングルした状態にある二つの量子ビットがあるとします。この2量子ビットは二つで一つの量子状態、すなわち「北北＋南南」を形成しており、図ではこの様子を表すために粘着性のあるぷるぷるした粒子を用いて、2量子ビットが〝つながっている〟状態を表現することにしました。

続いて〈NS〉測定器を用いて左側の量子ビットを測定します。測定結果が「南」だとすると、この測定によって右側の量子ビットも同時に「南」へと変化します。もし測

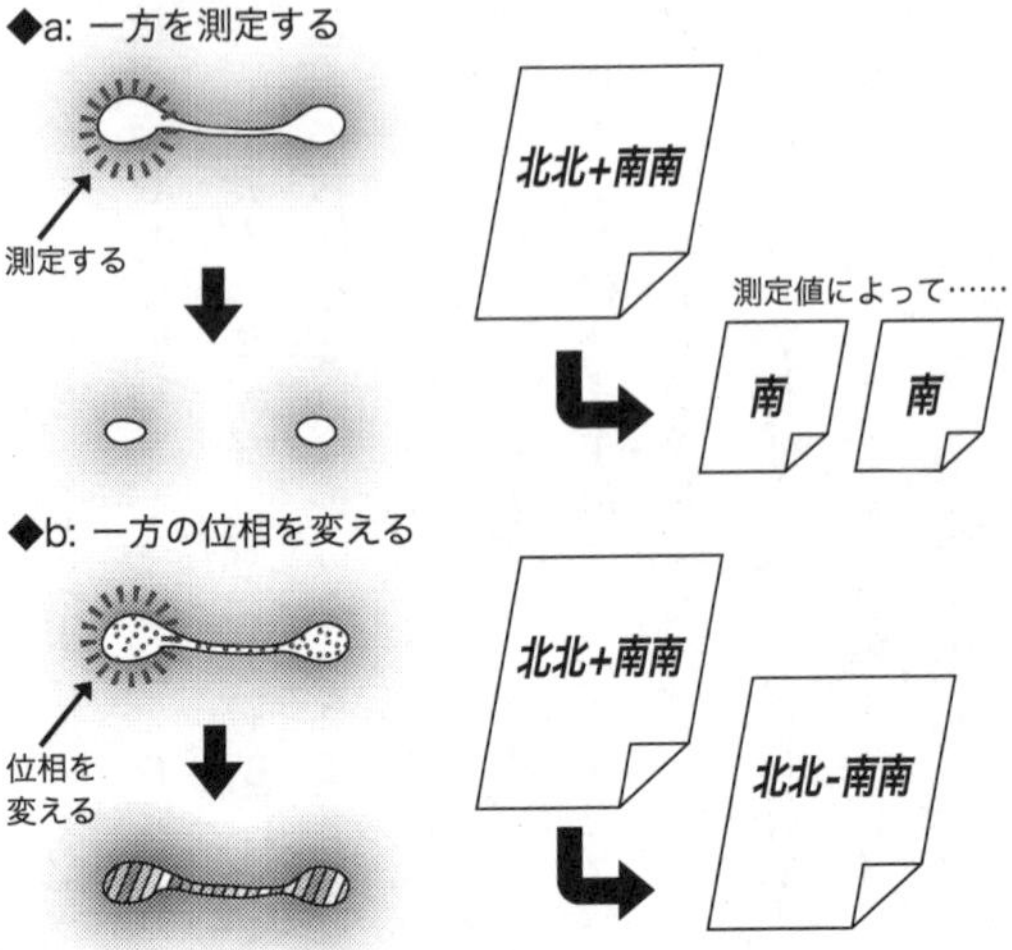

図6―4　エンタングルした2量子ビットは「二つで一つ」の状態

定結果が「北」であった場合は、右側の量子ビットもやはり左側の量子ビットと同じ「北」へと変化します。ところがこの測定によって、2量子ビットが形成していたエンタングルした状態は壊れ、別々の量子ビットへと変化してしまうということが起こります。その結果、図のように「北」という状態にある別々の二つの量子ビットが現れることになるのです。

ついでに、エンタングルした2量子ビット「北北＋南南」をもう一度用意し、一方の1量子ビットの位相を変えるという操作を行ってみることにしましょう。念のため位相というのは、第三章の図3―2「味覚で考える量子ビット」で、基底ベクトル「うすい／こい」に対して、もう一方のベクトルとして登場した「あまい／からい」の向きのことです。これを現在の例に照らして簡単に整理すると、次のようになります。

◆基底ベクトル（0／1）

北／南

◆位相ベクトル（0＋1／0－1）

東（北＋南）／西（北－南）

図6―4bのように、一方の量子ビットの位相を東↓西へ、つまり「北＋南」から「北－南」へ反転させるような操作を行います。この時ちょうどさきほどの測定とは対照的に、エンタングルした状態が壊れないようにして行うこととします。これによって

他方の量子ビットの状態は変化しませんが、一方の量子ビットの変化は、2量子ビットで共有されるということが起こるのです。この変化のポイントは「＋」から「−《マイナス》」へという点にあり、しかも2量子ビットはエンタングルメントが保たれた状態にあることから、「北北＋南南」から「北北−南南」へ変化することになります。

このようにエンタングルした状態にある量子ビットは、一方の量子ビットの状態が他方の量子ビットの状態と不可分な関係にあり、いわばお互いが相手の量子状態を知っているという関係にあるといえます。エンタングルした一方の量子ビットをうまく操作することで、他方を同時に変化させるような操作も行えるなど、1量子ビットだけの時とはまったく異なるさまざまな特質を引き出せるものといえるでしょう。

●〈ぷるぷる〉でわかる量子テレポーテーション

そこで、この不思議なエンタングルメントの特質を用いて一体何ができるのか、続いては、その代表例である「量子テレポーテーション」を採り上げたいと思います。量子

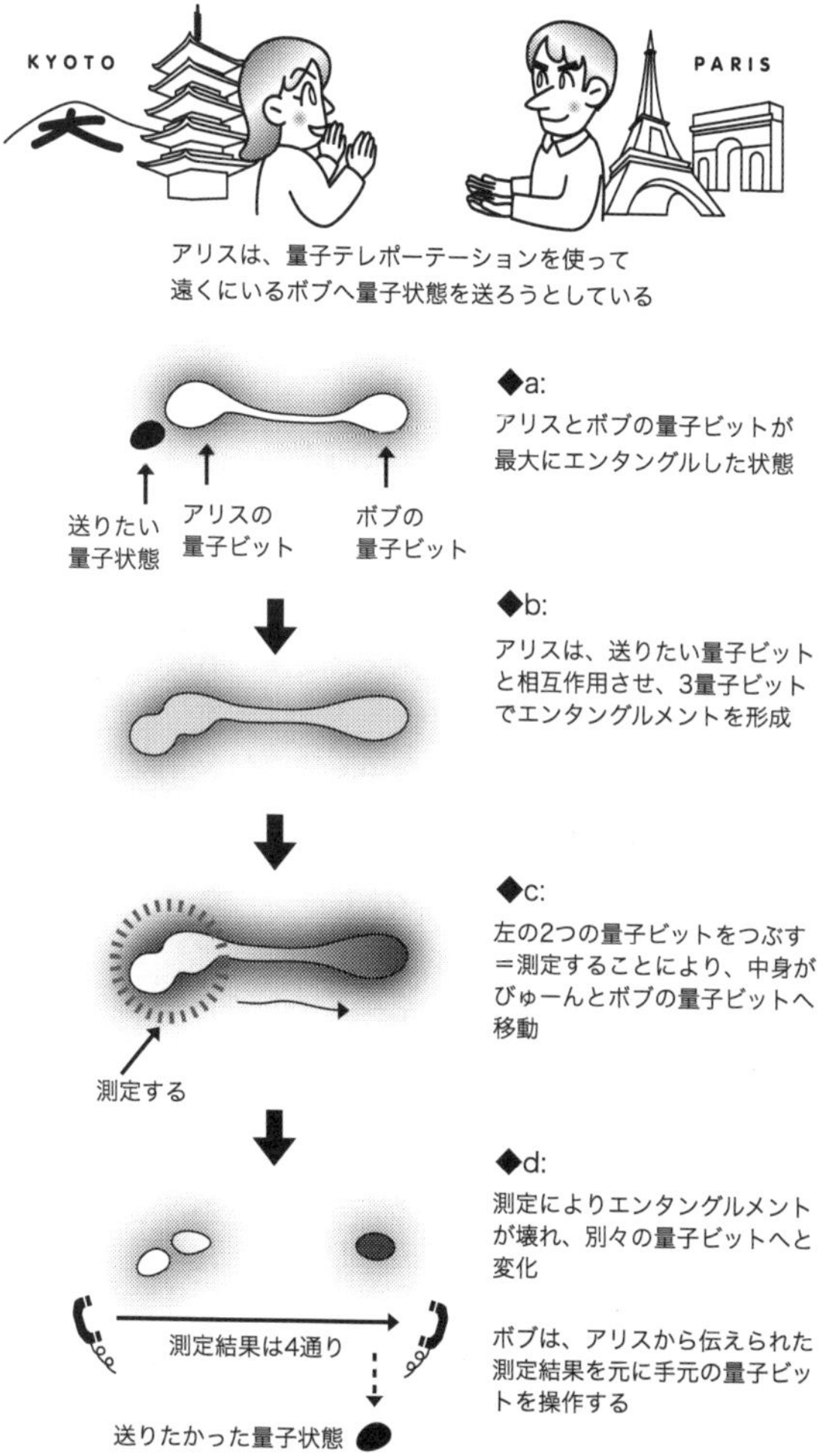
KYOTO
PARIS
アリスは、量子テレポーテーションを使って
遠くにいるボブへ量子状態を送ろうとしている
◆a:
アリスとボブの量子ビットが
最大にエンタングルした状態
送りたい
量子状態
アリスの
量子ビット
ボブの
量子ビット
◆b:
アリスは、送りたい量子ビット
と相互作用させ、3量子ビット
でエンタングルメントを形成
◆c:
左の2つの量子ビットをつぶす
＝測定することにより、中身が
びゅーんとボブの量子ビットへ
移動
測定する
◆d:
測定によりエンタングルメント
が壊れ、別々の量子ビットへと
変化
測定結果は4通り
送りたかった量子状態
ボブは、アリスから伝えられた
測定結果を元に手元の量子ビッ
トを操作する

図6—5　〈ぷるぷる量子テレポーテーション〉

テレポーテーションとは、エンタングルメントを使い、送りたい量子状態を通信経路に乗せて送ることなく、遠隔地で再現させる通信のことを指します。ちなみにテレポーテーションの〝テレ＝tele-〟とは「テレフォン」などの語頭と同じで「遠距離の」という意味です。ではさっそく図6―5を参照しながら、このしくみを見ていくことにしましょう。

通信ということでまた例の2人、アリスとボブに登場してもらいましょう。送り手であるアリスは送りたい量子状態を用意して、エンタングルメントを使って、これを通信経路に乗せて送ることなくボブに渡したいと考えています。それにはまずアリスとボブの2人に1量子ビットずつもってもらい、この2量子ビットが最大にエンタングルした状態にあるようにします（図6―5a）。〝テレ〟ポーテーションですので、2人には別々の十分に離れた地点でスタンバイしてもらいましょう。

続いてアリスは、送りたい量子状態にある量子ビットをアリスの量子ビットと相互作用させ、図6―4bのような3量子のエンタングルメントを生成します。このとき3量子ビットの量子状態を式で書くと少々複雑なものになるのですが、最も重要なポイントは、「3量子ビットで一つの量子状態を構成している」という点です。そこでもう一度図6—4bを見ると、その様子がぷるぷるした粒子が合体したような形で描かれているのがわかります。3量子ビットはこのぷるぷるを通じてお互いの量子状態を共有しており、アリスが送りたい量子状態はどういうものかという情報も、この中に入っています。

こうしておいて、アリスのもっている量子ビットと、送りたい量子状態にある量子ビットをぺたんとつぶします——つまり、2量子ビットの量子状態を測定するわけです。すると、それまで3量子ビットで共有していたぷるぷるの中身のうち、測定によって2量子ビット分の情報が〝つぶれて外へ出てしまう〟ということが起こります。そしてぷるぷるの中にうまく残された情報、すなわちアリスが送りたかった量子状態が、びゅーんとボブの側へ移ります（図6—5c）。

さてこの時何が起きているのかを、もう少し詳しく説明していきましょう。測定を行うことにより3量子ビットのエンタングルメントは壊れてしまい、測定した2量子ビットはそれぞれ1ビットの測定値へと変化してしまいます。したがって測定結果は「0」と「1」の組み合わせで、「00」「01」「10」「11」の4通りの可能性があることになります。

もしこれが2量子ビットのエンタングルメントなら、元の量子状態は永遠に失われてしまったでしょう。しかし、3量子ビットが共有していた情報を外に漏らさないようぅまく測定することで、アリスが送りたかった量子状態の情報はボブがもっている1量子ビットの量子状態の中に残されています。そしてその状態は、四つの測定値のそれぞれに対応しており、アリスの送りたい量子状態はそのうちの一つ、測定値「00」に対応したものなのです。したがって仮に測定結果が「00」であれば、ボブのもっている量子ビットはアリスが送りたい量子状態になっているはずです。しかしそれ以外の結果が出た場合には、簡単な操作を施して「00」に対応する量子状態に戻すというプロセスが必要になってきます。

そこで今度は古典的なチャンネルを用いて、アリスが2ビットの測定結果をボブに伝えます。測定結果を知ったボブは、この情報を元に自分の量子ビットを操作し、基準となる「00」に対応する量子状態に戻すことができます。——このようにしてボブは、アリスが伝えたかった量子状態を手元で再生することができるのです。

●テレポーテーションの架空と科学

ところでテレポーテーションと聞くと、よくSFなどに出てくる人や物を遠隔地に瞬間移動させる手法を思い浮かべてしまうことがあります。しかし量子テレポーテーションはこれとはまったく異なり、すでに実験段階にも成功例のある量子情報科学の一研究領域です。そこであくまで余談として、SFなどでよく見かけるテレポーテーションとの違いについて、あらためて区別しておきましょう。

たとえば映画『スタートレック』シリーズにでてくる〝エナジャイズ〟は、地上に居る人などをエネルギー化して、光のシャワーのようなもので惑星などに送ります。するとそれまで地上にいた人は消えてなくなり、惑星上では、到着したエネルギーを物質に変換することによって、人が現れてくるという話になっています。

情報には一般に、それを運ぶ物理的な担い手が存在します。電話だったらパルスやトーン、インターネットで光通信をしている場合は光がその担い手に相当します。しかし量子テレポーテーションでは、情報をこのような通信経路を成す物理系に乗せて送ることなしに転送するという点に、最大のポイントがあります。つまり量子状態を送っていないのに、その情報が送り先に反映されているわけなのです。ところがエナジャイズでは、送信地点から受信地点へ明らかに光のシャワーを運んでいますので、ここでまず大きく異なってきます。さらにエナジャイズでは、情報の転移も瞬時ではありません。

とはいえ瞬時かどうかという点については、量子テレポーテーションにおいても、光速を超えて情報が伝わることはありません。エンタングルメントにより、量子状態がボブの側に移る点については、まったく同時に起こるものと考えられますが、結局アリスからの測定結果を待ち、その情報に従って量子ビットを操作しなければ、ボブは正しい状態に直すことができません。したがってそこに相応の時間がかかると考えられるからです。

●アインシュタインと非局所的長距離相関

ところで最大にエンタングルした状態にあるペア——さきほどの例ではボブとアリスが担う量子ビット——は別名「EPRペア」といい、この名の由来を訪ねるとふたたびアインシュタインに遭遇します。

「E」がアインシュタイン、「P」がポドルスキー、「R」がローゼンの頭文字であり、もともとは一九三五年、この3人の科学者が、量子力学に異議を唱えるために考案した「EPRパラドックス」という思考実験の呼称であったのです。

量子力学では、最大にエンタングルした状態にある量子ビットのペアにおいて、これまで見てきたように空間的に十分に離れていても、一方を測定すれば、他方はそれに応じた状態に変化しているということが起こります。この現象に対してアインシュタインらは、まず一方の測定が他方に影響を及ぼすことを認めるなら「局所的実在（Local Reality）」というものが崩れてしまうではないか、と指摘します。したがって他方の量子ビットの状態は、測定によって変化したのではなく、もともと決まっていたのではないか、というのです。そして2量子ビットが何万光年も離れているとすれば情報が〝光速を超えて〟移動することになり、相対性理論に抵触するという問題も指摘されました。

時は経て一九六四年、ベルの不等式というものが発見され、さらに一九八二年これが実証されるとともに、「EPRパラドックス」において示された思考実験が実際に観測されるに至ります。その結果をまとめると、

◆最大にエンタングルした状態にある2量子ビットについて、
・一方の量子ビットが測定されると、他方はそれに応じた状態に変化している
・一方の量子ビットの状態は、他方の量子ビットの状態と無関係に変化することはない

・情報が光速を超えて移動することはなく、相対論に抵触しない

これによってEPRはパラドックスではなくなり、その名称はなんとエンタングルした状態にある代表的なペアに名を残すことになったのです。「EPRペア」ではそれがどこに存在しようと――たとえ宇宙的距離であろうと――、切っても切れない関係性が有効であり、量子力学ではこの関係性を「非局所的長距離相関」といいます。このことは、現在では実験によっても確かめられている事実となっているのです。

第七章

量子コンピュータへのロードマップ

——「キューバス量子コンピュータ」

●量子コンピュータはいつ完成するのか？

さて「量子コンピュータ」というと最もよく寄せられるのが、私の経験では「いつ完成するのか？」というご質問です。そこで終章では、日頃私が携わっている量子情報科学の研究の現場から、私自身の研究を含め、現在と将来の展望についてご紹介したいと思います。これにはまず「量子コンピュータ」を含めた量子情報処理全体の研究領域をハードウェアを切り口に概観した図をご紹介するのがよいでしょう。

図7—1は、縦軸に取り扱う量子ビットの数、横軸に開発にかかる時間をとり、その中に科学技術の達成課題を配置して、量子コンピュータ実現までのロードマップを示したものです。前章までにご説明してきたように、現在最も実用化が進んでいる技術は、扱える量子ビット数が1であり、したがってシステムの規模が最も小さい「量子鍵配送」です。この現時点から図の上端に近いほどより大規模なシステムを備えた領域が置かれ、右端に近いほどより遠い将来に実現が期待されている、つまり実現するのが難し

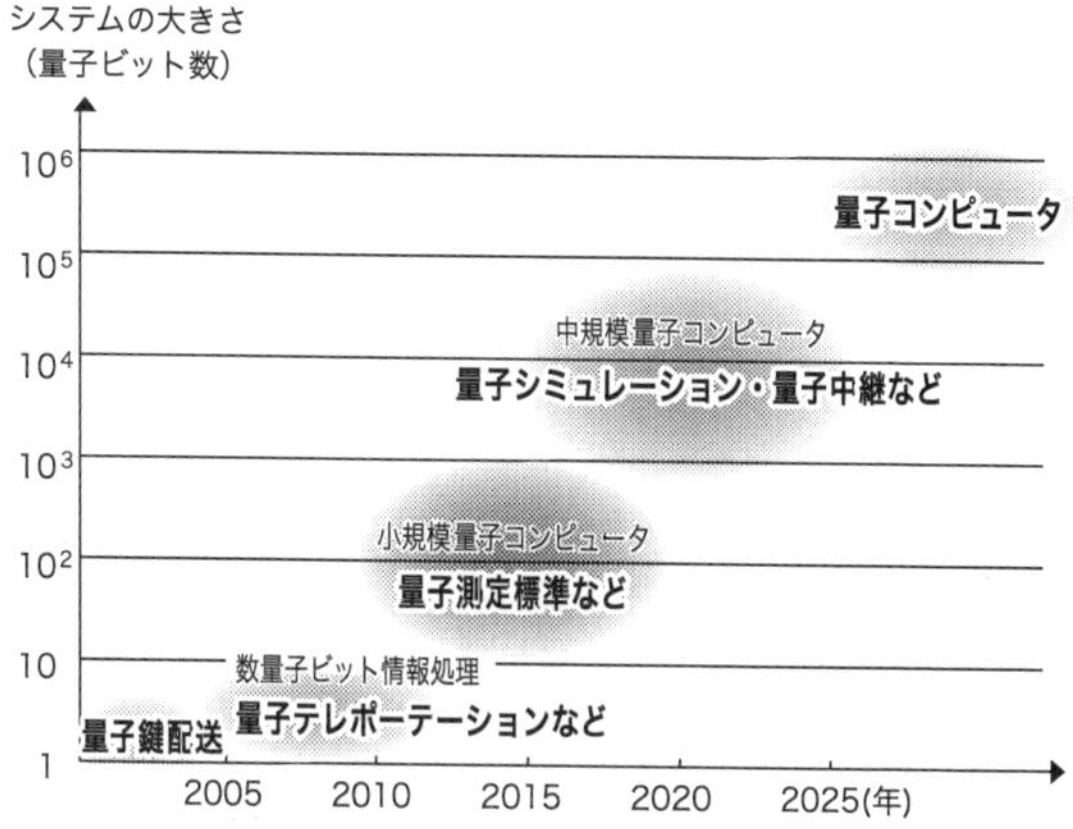

図７―１　量子コンピュータへのロードマップ

い領域が並んでいます。

この図をもとに、右上端に位置する量子コンピュータがいつ実現するのかを見ると、およそ二〇二五年以降が目指されていることがわかるでしょう。量子コンピュータとは、非常に多くの量子ビットを扱う大規模なシステムであり、現時点から見れば難易度の高い長期的な研究課題だということになります。

逆にいえば量子コンピュータを実現するには、それ以前に、量子デバイスのような特殊領域ではなく、量子情報処理にふさわしい一般性と高い拡張性を備えた基礎技術が揃ってこなければなりません。「量子鍵配送」には将来、量子コンピュータのコンポーネントとして使えるような拡張性はありませんが、「数量子ビット情報処理」から「中規模量子コンピュータ」に至る広大な中間的研究領域には、特殊技術から一歩進んで一般的な量子情報処理の基礎となる、重要な技術が含まれています。またこれらの科学技術はそれ自体、実現すれば現在の技術標準にイノベーションをもたらすであろう魅力的な分野でもあるのです。

その反面、1量子ビット操作から2量子ビット操作への移行に大きな研究努力が必要であったように、これらの中間的研究領域においても各開発段階で克服すべき困難さが待ち構えています。俯瞰すれば、その道程はところどころに大きな段差のある〝階段状〟に延びているといえるでしょう。そこでこれらの中間的研究領域の開発の際ポイントとなるのが、扱える量子ビット数を増やしていけるような、将来を見据えた〝拡張性の高さ〟です。現在扱える限られた数の量子ビットをターゲットとしたものよりも、システムがより大規模な場合にも適用可能なアイデアが盛り込まれているほうが開発としてはスムーズであり、拡張性はこの点を左右します。基礎技術における高い拡張性こそが、この道程を坂道のようななだらかなものに変えてくれるといえるでしょう。

●カッティング・エッジと呼ばれる研究の最先端

量子に関する研究は現在、欧米・オセアニア・日本をはじめ世界で行われており、中でも量子研究がさかんであることが知られている、著名な量子研究拠点がいくつか存在します。そのような大学や研究機関では理論・実験の両面にわたる量子情報科学はもちろん、量子性を中心にして化学・情報学・数学・材料工学といった幅広い分野とのインターナショナルな学際交流が活発に行われています。私自身、多くの時間を海外のコンファレンスや共同研究に充てて過ごしていますが、というのも論文だけでは十分伝わらないような真に最先端の研究成果を発表し合い、また議論できるのがまさにそのような場だからです。その後の量子情報科学を大きくリードするような新しい理論的なアイデアの核心に触れたり、ブレークスルーへつながるヒントを発見したりと、お互いに刺激を与え合う中からカッティング・エッジと呼ばれる成果が生まれてきます。実際、私自身が新しいアイデアを思いつくのも、ほとんどがこのような場でのディスカッションがきっかけになっているのです。

しかも量子コンピュータをはじめとする量子情報処理では、これまで何度も書いてきたように量子そのものは概念であるため、それを具体的にどのような物質を用いて構築したらいいのかは、少しも自明ではありません。量子コンピュータの開発においても物理学と同様に、基本的な流れとしてはまず何がどう可能であるかという理論が示され、それを受けて「実験」チームが始動するというのが一般的ですが、量子コンピュータ研究においては特に、理論と実験のグループの交流がより活発になることが、研究のフロントラインを未来へと押し進めていく原動力になります。「理論」といっても日本ではあまりさかんではないことからその役割が必ずしも広く知られていませんが、原理原則を示すだけではなく、広くその考えの実現化に関わる「インプリメンテーション（実装化）」と呼ばれる役割も担っているケースが少なくありません。

インプリメンテーションというのは、たとえば一匹のキリギリスがいてお金持ちにな

図７―２　世界の量子研究拠点とセミナー活動

るにはどうしたらいいかという問題を抱えている場合を例に採ると――まず「支出が収入を上回ること」という原理原則が示されなければなりません。続いて、ではどうしたらその原則を現実にあてはめることができ、実際にお金持ちになれるのか、その方策を決めるのが肝心ということになります。そして具体的にこうすれば実現できそうだという方策——これが、ちょうどインプリメンテーションに相当するのです。

図7—1のロードマップに示したように、現在、中間領域の端緒についた量子コンピュータ研究においては、理論的な成果を基にいかに具体的な物理系において実現していくかを提案し、実証実験を方向づけるインプリメンテーションの役割がますます重要になってきています。インプリメンテーションは実験の研究者が兼ねることもあり、さまざまな物理系においてまずその理論の適用が可能なのかどうか、そしてそれぞれの場合について本質的にいかなる問題点や優位点があるのかを示すアドバイザリー的な立場にあるということもできるでしょう。

●量子コンピュータ開発の現状と問題点

とはいえ、理論だけでは量子コンピュータは実現しないことはもちろん、実験して初めて問題点や逆に新たな特徴が明らかになり、そこからまた違った発展が生まれる場合も多いものです。実験におけるカッティング・エッジな研究成果もやはり、研究全般における量子性への理解を深め、今までは隠れて見えなかった特質を明らかにしたり、新たな量子的な振る舞いに注目させるなど、さまざまな発展を牽引します。

特に今世紀に入ってからは、それまでほとんど不可能であった量子ビットをコントロールする技術が飛躍的に発展を遂げ、非局所性の実証実験や量子テレポーテーションの成功などいくつもの際だった成果が相次ぎました。こういった成果を踏まえ、今後はさらに量子という潮流が技術の分野へと広がりを見せ、さまざまな応用技術を生み出したり、またいっそう精度の高い技術が追求されていく可能性があります。

現在行われている量子情報処理の実証実験では、ゲートの試作実験などを中心に、物理系としてはイオントラップ、超伝導素子、シリコンなどの固体物理系、冷却原子、光子、核スピンや電子スピン等々、数え上げていくと実にさまざまなものが採り上げられています。実験はまず、これらの物質の何らかの性質を捉えて量子ビットとして扱えるようコントロールします。したがって同じ物質を用いていても、どの性質を採り上げるのか、あるいは物質にどのように量子ビットを担わせるかによってさまざまなタイプがあります。そしてごく簡単にいえば、これらの量子ビットを相互作用させ、ゲートの動作を実証していくという流れになります。

その一方で量子情報処理の開発を阻むものとして広く知られている壁があり、大きく次の二つを挙げることができます。一つは、今までにも何度か出てきたように量子的な世界がもともと壊れやすく、すぐにデコヒーレンスしてしまうという問題です。これに関しては選択した物理系の特徴を活かし、いかにピュアな量子状態を保って並列計算を処理していくかが課題となります。

もう一つは、扱える量子ビット数を増やして少しでもシステム規模を大きくしようとすると、格段にコントロールが難しくなるという問題です。たとえば物理的に同一の性質をもつ量子ビットを複数生成するのが難しかったり、一つのゲートを動かすのに多数の量子ビットが必要となるなど、その理由にはさまざまな場合があります。またシステムとして機能させるためにはエラー訂正のしくみが不可欠ですが、これにもまた多数の量子ビットが必要であるといった具合に、なかなか一筋縄ではいかない事情があるのです。そこでこれらの問題を回避し、システムのスケールの大きさに伴って、量子ビット数も自然な増加をたどるようなシステムになっていることが、開発において一つの重要なポイントになります。

さてこのような困難を乗り越え、世界の多くの科学者による研究努力によって、実際に数量子ビットの操作まで可能になってきているというのが現在の情勢です。これらの中で最先端を走るものを挙げるとすれば、より多数の量子ビットを一度に扱うことができるイオントラップを使った実験を、その一つに挙げることができるでしょう。これは、イオンすなわち電荷を帯びた原子を、量子ビットとして扱えるようコントロールして閉じこめておき、「バイブレーションモード」というイオン全体が自然に振動する現象を利用して量子ビット同士を相互作用させることで、ゲートを動かすものです。現在のところ、扱える量子の数において一歩先ゆく実験といえるでしょう。

また光は、計算には不向きな点もある一方、なにしろ高速であり遠くまで届くため、通信には欠かせない大切な分野だといえます。一方シリコンという素材は、古典的な情報処理において優れた集積化技術の蓄積をもち、その物性が詳細に明らかになっていることから、特に将来量子情報処理のシステムが大規模化する時代を迎えるにつれて期待が高まることが予想されます。

しかしこれらのうち何が最有力候補であるかは、一概に断じることはできません。頻繁に報告される新しい成果も、それがシステムの増大に対応できる拡張性の高さを備えているかどうかで、大きく意義が異なってきます。将来の量子コンピュータ像をつくるのはどれなのかをめぐって、非常に激しい競争が繰り広げられているといっても過言ではないでしょう。

●ブレークスルーのニュースが世界をめぐる

ところで現在、世界の量子研究拠点で展開されている実証実験は、早ければ理論から1、2年、遅くとも数年といった速さで実現されることもあることから、量子情報処理の開発を阻む壁が理論的に突破されるということは、理論・実験の両面にわたる大きな意義をもっています。そしてインターネット時代の学問であることも反映してか、このようなニュースは文字通り一瞬にして世界の量子研究拠点を駆けめぐります。

私はふだんこのような量子コンピュータの理論的な研究を行っているのですが、二〇〇五年、イギリスのHP研究所と共同で光を用いた量子コンピュータの提案を発表したところ、世界の研究機関をはじめ科学雑誌・科学サイト、そして米国ニューヨークタイムズ紙のような一般向けのマスコミに至るまで、幅広い反響がありました。そこでこの提案のいったいどのような点が量子情報処理のブレークスルーとなったのか、簡単にご紹介していきましょう。

数ある物理系の中でも光を用いた量子情報処理は、これまでも多くの成果が挙げられてきた活発な分野であり、大きく分けて単一光子を用いたものとレーザー光を用いる方法があります。しかし光においては量子コンピュータをはじめとする一般的な情報処理には不可欠とされる「光学非線形性」がきわめて小さいため、このことが長く開発の障壁となってきました。

図7－3　左：量子光学の第一人者の一人G.J.ミルバーン教授（Qulink Seminar 2005より）
右：英国ヨーク大学のS.L.ブラウンシュタイン教授（Qulink Seminar 2006より・写真左端）

この問題を回避する画期的なアイデアとして広く知られていたのが、基本単位は線形素子としながらも〝確率的なゲート〟によって「非線形効果」を生み出す線形光学量子情報処理です。この単一光子による線形光学は、発表当時きわめて画期的な理論であり、これを受けて多くの実証実験が行われ、その技術も飛躍的に発展してきました。そこでこのような経緯から、光においてはこの単一光子によるものを主流として、その傍系としてレーザー光を用いる方法が試みられるという状況がしばらく続いていたのです。

そこで私たちは従来からあるこの二つの方法の長所を組み合わせ、単一光子の情報処理で決定的な問題となっていた2量子ビット演算の論理素子を、レーザー光を介して処理するという新しい方法を提案しました。この提案はほぼ決定的に動作するゲートを備え、しかも計算量が増えてもシステムが巨大化せず、さらに量子通信などのインターフェースに応用できる拡張性を備えていました。そして、これらの特徴はそれまでにない画期的なものであったため、多くの注目を集めることになったのです。

●一段上の拡張性を備えた「キューバス量子コンピュータ」

二〇〇六年、私たちはこの考えを発展させ、「キューバス量子コンピュータ（Qubus Computing）」という理論を発表しました。これを一言でいえば、光に限らずさまざまな材料を用いた系で、量子ビットを量子通信網を介して相互作用させることにより、離れた2量子ビット間で高速演算を行うシステムということになります。この提案の特徴は何より、物理系、コンピューティングモデル、スケールと三つの項目に広がるたいへん幅広く、かつ柔軟な拡張性を備えている点にあるといえるでしょう。このアイデアを使うことで、現時点から見るとより高度な領域にある、より大規模なシステムの実現化が視野に入ってくるのです。

たとえば物理系を選ばない「キューバス量子コンピュータ」は、単一光子、冷却原子、固体物理系、超伝導素子、電子スピン……と現在試みられているほとんどの素材に適用できます。もちろん光との相性にも優れていることから、量子情報処理のシステム間を結ぶ量子光通信システムのインターフェイスとして応用することも可能です。

また量子コンピューティングでは一般に、物理系だけではなく、たとえばゲートモデルのようにシステムをゲートに分解して組み立てるとか、システム全体をコントロールしながら最終的な答えを得るというように、コンピューティング・モデルでもさまざまなタイプが競い合っています。「キューバス量子コンピュータ」では、このコンピューティング・モデルについても幅広く適用可能な拡張性を備えており、さまざまなタイプに適用できるのです。中間領域の研究課題の一つである「量子シミュレーション」も一種のコンピューティング・モデルであることから、これにキューバスの考え方を適用することにより新たな進展が期待できます。

さらにスケールにおいても「キューバス量子コンピュータ」は、システム規模と距離という二つの点において高い拡張性を備えています。一つは情報処理系の大きさに関わらず自由にシステムが組める柔軟性のあるシステムであること、そしてもう一つは、相互作用させる2量子間の距離が十分に離れている場合でも適用可能であることです。特に後者は量子エンタングルメントを活用して遠距離通信を行う際、中継点を結びながらエンタングルした2量子ビット間の距離を伸ばしていくという高度な技術「量子中継」の実現可能性に、光を当てるものといえるでしょう。

ちなみに「キューバス量子コンピュータ」の根幹を成すアイデアは「Qubit」と「Quantum Bus」を組み合わせる点にあり、このような合わせ技で量子コンピュータを構築しようというアイデアは最近「ハイブリッド」と呼ばれてちょっとしたムーブメントに成長してきています。しかし実はつい2、3年前までは国際的なコンファレンスにおいても、私たちを含む一部のグループだけがホットに議論を続けているようなジャン

図７—４　光量子コンピュータの会議にて

ルであり、その頃はなんと「エキゾティック」という冴えない呼び名を与えられていたものでした。また「Quantum Bus」を縮めた造語「Qubus」は、世界的な量子拠点の一つである英国ヨーク大学のサミュエル・ブラウンシュタイン教授のアイデアであることもご紹介しておきましょう。

このように現在インプリメンテーションから徐々に実証段階へと移りつつある「キューバス量子コンピュータ」は、量子情報科学の世界的なネットワークの中でその輪を広げ、さまざまな研究者との交流によってその実現の可能性を広げています。ニュースやホームページ等を通じて、今後の成果を見守っていただければ幸いに思います。

●量子情報科学から「量子文化」へ

そして私たちの身近な暮らしの中にも、むしろ量子コンピュータなどよりもずっと早く、量子の時代がやってくるように思われます。量子情報科学の実証レベルの研究が今後さまざまな成果を上げられるようになると、量子的な性質の活用がテクノロジーの分野へと浸透して「量子技術」が花開き、私たちの暮らしの中へあふれ出してくると考えられるからです。そして〝量子が入った〟技術が広く普及することで、量子という概念も私たちの生活の中に溶け込み、「量子文化」と呼べるような新しい広がりを見せてくれるのではないかと期待されます。

たとえば最も難易度の低い1量子ビット操作が実現するというだけでも、このしくみを活用したさまざまな役立つアプリケーションを構築することができます。その一例として、量子的な性質が高品位なセキュリティを実現できることを利用した、安全性の高いクレジットやペイメント機能、また2量子ビット以上ならエンタングルメントを利用したゲームなども考えることができるでしょう。このような機能を搭載した携帯電話や個人ツールが登場してくる可能性はかなり高いものといえ、今のところまだ出現してはいないものの、このような〝量子が入った〟おもしろい電子通信機器の開発は、今後ますます活発になっていくと考えられます。

そして化学・生物・医療などにまたがる広い分野で、量子的な性質を活用した新しい機能や商品が追求されることを通じて、量子技術がテクノロジー全般に及んでいくことが予想されます。たとえば製造過程に量子的な制御を用いた特殊な新素材のようなものであるとか、細胞の一つ一つを量子レベルの詳細さで検知して生命体の解明などに活かすなど、さまざまな応用が考えられます。また物理の分野でも、性質のわかっていない物理系を、制御可能な他の量子系でシミュレーションすることによって解明しようという「量子シミュレーション」などが構想されています。

ところで技術の世界では測定の精密さに関する基準があり、この基準こそが技術の根幹を担っているといっても過言ではありません。したがって技術の広がりと同時にその根幹においても、現在の古典的な技術標準を凌ぐような「量子技術標準」が建設されれば、たちまちイノベーションとなることは必至と見られます。量子性の活用もそれまでのように部分的にではなくどっしりと中心に据えられ、積極的に活用する方向へと大きく梶が切られることでしょう。一方、古典的な技術もこの趨勢を受けて新たな展開を見せるなど、「量子」が技術の分野におけるさまざまな発展をリードしていくことになります。

さらに一歩進んで、量子的なシステムがより大規模に構築できるようになれば、その可能性もぐんと広がっていきます。量子を使うことでたとえば高速な計算が行えるなど、スピードの面で格段に優れたものや、古典の場合にはなかった新しいアルゴリズムの開発などもさかんになっていくことでしょう。そのような中からやがて量子コンピュータがその姿を現してくる——私たちは今、ちょうどそのような未来の端緒に立っていると考えることができるのです。

あとがき

奇妙、不可思議、ミステリー、常識はずれ……と、量子はよく〝わからない〟ものの代表のように扱われます。日常会話で「わからない世の中だ」とか、「最近の若者はわからない」などといわれる、あの〝わからなさ〟と本当は同じなのですが、量子研究は物理学の一分野であり、また情報科学でもあり、ひいては学問だというわけで、世の中に数あるわからないものの中でも最も難しいものの一つに違いない――そんな印象をもたれている方が、きっと多いのではないでしょうか。

私が研究生活の中で出逢うイギリス、オーストラリア、アメリカなどから来た量子の研究者たちは、その多くが私と同じように、そのわからなさについて考えることが三度の食事より大好きという人たちです。最も奇妙なこと、最も理解しがたいことについてイマジネーション豊かに自分の考えを進めていくことが好きだという方がいれば、量子はそんな人にまさにうってつけのテーマといえるでしょう。

しかし本当のことをいえば、なにも量子の研究者や科学者に限って量子がおもしろいわけではなく、一般の方にとっても実は相当に、量子はおもしろいはずなのです。なぜならこのように新しい革新的な理論は、別にいちいち式などを参照しなくても、理論の面白さや現象の不思議さだけを取り出して、存分に楽しむことができるはずだからです。

奇しくもこの本を手にとり、そしてほんの少しでも読んでくださった方には、ぜひこのような新しいアイデアを遊ぶ楽しさを体験していただければと思います。それにもしかしたら、いま量子に出逢う意義は、わからないものを相手にしても困らない、むしろ楽しめる術を身につけられるところにあるのかも知れません。

◇

とはいえ確かに、概念のように目に見えないものは、さあここにあるといわれてもなかなか把握し難いものです。たとえばそこらじゅうにある空気だって、そこらじゅうにあるということが当たり前になる以前は、やはり強烈に理解しがたい話であったに違いないのです。ところがいったん空気があるということが発見され、その考えが広く受け容れられるのに従って、それは〝当たり前〟に変わります。ややこしい式がこなれた説明に変わり、あるいは厳密な定義を学ばなくても概念のエッセンスが自然と感じられるようになっていきます。

ある概念が、人々の〝当たり前〟に変わるとき、その概念を受け容れる文化的な基盤は整ったといえるでしょう。本書のタイトルである『ようこそ量子』は、そんな「量子文化」時代の到来を願って名づけられたものです。そして、そんな時代を先取りできるように、本書ではいままでの量子の解説にはなかった新しいご紹介方法にもこだわりました。

◇

なお本書は国立情報学研究所主催の市民講座の講演をもとに、大幅に加筆・再構成したものです。市民講座にはお忙しい中、100人を超える方々にお集まりいただき、量子コンピュータへの関心の高まりを改めて実感しました。

しかしいざ本書を執筆しようとなると、ふだん、海外出張を含めて専門性の高いディスカッションなどを主とした研究生活を送っているため、まずどうしたら一般の人に読んでいただけるものが書けるのかという問題がありました。それに量子情報科学は文字通り日進月歩の発展の激しい分野であるため、これをどう新書という形にまとめていくのか、また量子特有の性質を伝えるためにわかりやすく、かつ概念にフィットしたアイデアをいかに準備するかなど、多くの課題がありました。結局、一般の方に量子についての理解を広め、ご紹介したいという気持ちが原動力となり、幸福な共著の形態により実現に至った次第です。

そのようなわけでキューバス量子コンピュータをはじめとする私の研究は現在も進行中であり、次々と新たに出現する「わからないこと」を楽しんでいます。

またどこかでお目に留まれば幸いに思います。

根本香絵×池谷瑠絵

著者紹介

根本香絵（ねもと・かえ）

国立情報学研究所・情報学プリンシプル研究系　助教授。お茶の水大学大学院卒、理学博士。専門は理論物理学、量子情報・計算、量子力学。1997~2000年オーストラリア・クィーンズランド大学研究員、2000~2003年英国ウェールズ大学研究員として量子情報科学の最先端研究に参加。2003年より現職。2005年、英国HP研究所との共同研究により光量子情報処理理論にブレークスルーをもたらす新しい方法を発表。このアイデアを発展させ、一段と高い拡張性を備えた「Qubus量子コンピュータ」を提唱し、世界の量子研究拠点から注目を集める。

池谷瑠絵（いけや・るえ）

ライター、プランナーとして広告・出版の企画・執筆・編集・広報、ウェブデザイン等を手がける。立教大学社会学部卒。香絵女史の活躍から「量子のおもしろさは、まだ日本に上陸していないらしい」と気づき、本書に参加。
◆関連サイト「ようこそ量子ＬＡＢ」
ＵＲＬ：http://www.ryosi.com/

情報研シリーズ 8

国立情報学研究所（http://www.nii.ac.jp）は、2000年に発足以来、情報学に関する総合的研究を推進しています。その研究内容を『丸善ライブラリー』の中で一般にもわかりやすく紹介していきます。このシリーズを通じて、読者の皆様が情報学をより身近に感じていただければ幸いです。

ようこそ量子
量子コンピュータはなぜ注目されているのか　丸善ライブラリー 375

平成18年12月15日　発　行

著作者　根 本 香 絵
池 谷 瑠 絵

発行者　村 田 誠 四 郎

発行所　丸 善 株 式 会 社

出版事業部
〒103-8244 東京都中央区日本橋三丁目 9 番 2 号
編 集：電話 (03) 3272-0512／FAX (03) 3272-0527
営 業：電話 (03) 3272-0521／FAX (03) 3272-0693
http://pub.maruzen.co.jp/
郵便振替口座　00170-5-5

© Kae Nemoto, Rue Ikeya
National Institute of Informatics, 2006

組版印刷・株式会社 暁印刷／製本・株式会社 星共社

ISBN 4-621-05375-2 C0242　Printed in Japan